U0316066

本书出版由上海科技专著出版资金资助

上海交通大学学术出版基金资助

# 自催化还原法制备超细空心金属镍球及其特性

胡文彬　邓意达　著

上海交通大学出版社

# 内 容 提 要

由于具有空心结构的超细粉末与相应的实心粉末相比具有更大的比表面积、较小的密度以及特殊的力学、光、电等物理化学性质，在声、光、电、磁等领域表现出极大的应用前景。因而有关空心超细粉末的制备和应用已成为材料研究中的一个热点。

本书针对这一材料研究热点，介绍了一种简单易行、成本低廉的自催化还原反应法制备超细空心铁磁性金属球。并对自催化还原反应制备超细空心镍球的形成机理以及主要工艺参数进行了研究。在此基础上对所制备的空心金属球进行电磁性能分析，以探讨其在相关领域的应用前景。

本书主要内容为作者多年研究的成果，可供从事超细粉体制备及应用等领域的研究人员阅读，对相关研究领域的研究者有较高的参考价值。

## 图书在版编目(CIP)数据

自催化还原法制备超细空心金属镍球及其特性/胡文彬，邓意达著. —上海:上海交通大学出版社,2012
ISBN 978-7-313-08200-8

Ⅰ. 自... Ⅱ. ①胡... ②邓... Ⅲ. 催化—还原反应—应用—镍—粉末冶金 Ⅳ. TF125.2

中国版本图书馆 CIP 数据核字(2012)第 036004 号

**自催化还原法制备超细空心金属镍球及其特性**
胡文彬 邓意达 著
上海交通大学出版社出版发行
(上海市番禺路 951 号 邮政编码 200030)
电话:64071208 出版人:韩建民
浙江云广印业有限公司 印刷 全国新华书店经销
开本:787mm×960mm 1/16 印张:10.75 字数:196 千字
2012 年 5 月第 1 版 2012 年 5 月第 1 次印刷
ISBN 978-7-313-08200-8/TF 定价:50.00 元

# 前　言

近年来,随着人们对超细材料——特别是纳米材料的性能以及相关制备技术研究的不断深入,一些具有特殊形貌和功能的超细结构能表现出优异的特性,引起了研究者的极大兴趣。尤其是具有空心结构的粉末,与实心粉末相比,不仅具有了实心粉末所有的优点,而且还由于其特殊的结构,在化学、光学、电磁学和生物技术等方面表现出一些新颖的特性。

目前,国外对超细空心粉末的制备已经进行了一些研究,而国内相关的报道不多。国内外研究得较多的方法主要有雾化热分解法、置换反应法、微乳溶胶法和模板法等,其中,研究较多的是模板构造法,这种方法制备的空心粉末很大程度上依赖于模板的选择,并且模板的去除效果也是影响产物纯度的重要原因。同时该法所制备的大多为玻璃、陶瓷和半导体超细空心球,而有关超细空心金属粉末的制备与性能研究方面的报道相对较少,特别是具有铁磁性的空心金属粉末。

本书是作者、同事及博士生在上海交通大学金属基复合材料国家重点实验室从事自催化还原制备超细空心金属粉研究的总结。本书提出了一种简单易行、成本低廉的自催化还原反应法,成功地制备出超细空心铁磁性金属球,利用多种分析测试手段对所得产物进行了详细表征,并对自催化还原反应制备超细空心镍球的主要工艺参数以及形成机理进行了研究。本书不是一本教科书,书中的一些结论也仅是我们的一家之言,希望该书的出版能起到抛砖引玉的作用,与国内专家共同探讨。由于水平有限,虽已尽自己所能,但书中不足之处在所难免,欢迎国内同行批评指正。

本书在编写过程中参考了一些国内外公开发表的文献资料,在此特向文献作者致谢。对在本书编写、出版过程中给予帮助和支持的有关单位和人士深表谢意。还要感谢上海交通大学金属基复合材料国家重点实验室的李志彬博士、蒋登辉博士、王浩然博士,刘曦硕士,赵凌硕士,他们参与了本书部分研究工作,感谢刘磊副教授、许亚婷副研究员、沈彬高工、钟澄博士等,他们为本书的出版做了不少工作。感谢国家自然科学基金项目(编号:50474004 和 51001075)、上海市优秀学科带头人项目(编号:11XD1402700)、国家杰出青年科学基金项目(编号:51125016)和上海市教委"曙光计划"跟踪项目(编号:10GG06)对本书研究工作的资助。

上海交通大学金属基复合材料国家重点实验室　胡文彬　邓意达

2011 年 6 月

# 目　　录

# 1 绪 论

近年来,随着科学技术的不断进步,一些关键技术领域如微电子技术、微系统技术以及生命科学等都要求材料的设计和制备控制在微观或介观尺度,对这些超细结构的研究引起了人们的极大兴趣,其中超细粒子的制备和应用得到了研究者的广泛关注[1]。由于技术水平的提高和分析测试手段的不断进步,在更高的层次上开展了对超细粉末性质的研究。根据超细粉末的基本性质,开展了相应的物理、化学、生物工程、材料工程、医学工程和国防高科技等方面的应用研究。对超细粉末粒子尺寸下限的研究,形成了纳米颗粒学与纳米材料科学这一新生长点。目前,超细粉末的研究已从纯粹科学探索转变为新技术与新材料的开发,某些超细粉末已进入了产业化阶段,并在冶金、化工、轻工、电子、国防、核技术、航空航天等领域呈现出极其重要的应用价值和广阔的前景。

随着制备技术的不断进步,粉末的制备已向超细化、结构复杂化和表面活性化几个方向发展,制备出来一些具有特殊结构和形貌的超细粒子,如具有包覆结构的复合超细粉末以及具有空心、管状结构的超细粉末等[2-5]。这些特殊形态的超细粒子在声、光、电、热、催化、吸附等物理和化学以及其他领域均表现出独特的性能,引起了研究者的广泛关注。而随着对超细粒子研究的进一步深入,也将极大地丰富材料科学、纳米科学,以及物理、化学等相关领域的知识。

## 1.1 超细空心粉末制备的研究进展

近年来,随着人们对纳米材料性能以及相关制备技术研究的不断深入,一些具有特殊形貌和功能的超细结构表现出优异的特性,引起了研究者的极大兴趣。特别是具有空心结构的粉末,与实心粉末相比,不仅具有了实心粉末所有的优点,而且还由于其特殊的结构,在化学、光学、电磁学和生物技术等方面表现出一些新颖的特性[6,7]。同时,随着各种粉末制备技术的发展以及新的制备技术的兴起,使得空心粉末的制备朝超细化,甚至是纳米化的方向发展。采用不同的制备方法,不仅可以得到金属、陶瓷、聚合物和半导体的超细空心粉末,而且通过控制空心粉末的粒径大小、壁的厚度和粉体的表面状况可以得到具有特定性能的空心粉末[2]。如由超细空心粉末组成的多孔材料或涂层具有低的密度、稳定的热和力学性能以及特殊的光、电、磁性能,可望在化学、物理、生物和材料等领域得到应用[8,9]。同时在空心粉末内部进行组装,可得到内外电、磁性能截然不同的复合粉末。这些空心或复合粉末可望应用于高性能的光电、电磁器件(如传感器)、微波吸收材料等领域。而近年发展起来的纳米药物载体和药物缓释胶囊更使得空心粉末的制备和应用受到极大的关注[10]。

超细空心粉末具有特殊的物理化学性能,这主要是由于粒子的尺寸极小,比表面积大而导致了粒子产生小尺寸效应、表面效应、量子尺寸效应等宏观粒子所不具备的性质,这些性质使得超细颗粒表现出异常的光、热、电磁、催化等物理化学性能。然而,当粒子尺寸达到一定尺寸后,特别是到了纳米量级,单个粒子的表面积很大,表面能很高,极易吸附其他物质或相邻粒子,它们之间的相互吸引产生团聚,这就降低了粒子的表面能和表面活性,从而使得超细粒子丧失了某些优异的特性。研究发现,如果将某些物质包覆在超细粒子的外表对其进行表面改性制成包覆型复合粒子,不仅可以有效避免粒子的团聚问题,而且还将带来新的特性。同时在有空腔的粒子内将某种具有特殊功能的物质通过溶解或注入等方式使其包覆在其中,可望制造出应用于高性能的光电、电磁器件,以及微波吸收材料的复合粉末[11]。这种复合粒子可以表现出一些特殊功能,从而很大程度上提高了粒子的实际应用价值。

从广义上理解,空心粉的制备方法都可以归结为模板法,其制备空心粉的基本原理是:以气腔、乳液、液滴、胶粒、无机微粒等为模板,通过相变、吸附、凝聚、沉淀、界面反应等物理化学过程或自组织过程,在模板外表形成一层所需材料的壳层,最后通过溶解或裂解、蒸发、焙烧等手段除去模板,从而得到相应的无机空心粉。由于模板的选择或获取方法的多样性,无机空心粉的模板法制备显得丰富多彩,奇思妙想层出不穷。根据模板的物性和存在形态,可以将方法归纳如图 1-1。

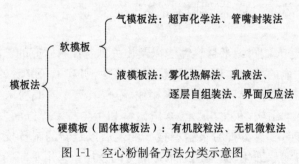

图 1-1  空心粉制备方法分类示意图

## 1.1.1  超声化学法

超声波作用于溶液时,声空化作用使得附着在容器壁和固体杂质中的微气泡,或因结构不均匀造成液体内部抗张强度减弱的微小区域内析出的溶解气体等,形成前驱液内的微小泡核,在这些空化泡崩溃时,其周围的微环境内能产生瞬间的高温高压和超快冷却速度,并伴随有强烈的冲击波、高能射流以及放电发光效应,由此引发泡核周围机械效应、热效应、光效应、产生自由基的活化效应等效应,为在常态下不可能的或难以实现的化学反应提供了一种非常特殊的物理环境,这一环境为直接原位合成空心粉提供了可能[12]。

因此人们尝试用超声波辐射来制备空心粉结构的纳米材料,并取得了成功。Zhu 等[13]将超声技术用到制备空心粉结构的材料中,在室温条件下以 $CdCl_2$ 和 $Na_2SeSO_3$ 为原料,原位合成了高纯度的、直径是 120 nm 的 CdSe 空心粉。Rana 等[14]研究了超声波对材料结构的影响,发现用 CTAB 作结构导向剂,TEOS 作硅源,在超声波辐射下,室温反应 1h 就可合成出空心球状的介孔 $SiO_2$;但如果不用超声波,即使反应温度提高到 80 ℃,反应时间延长至 6 h,仍制备不出 $SiO_2$ 空心粉。用超声波方法制备材料的最大的优点在于反应可以在室温下进行。但是由于微泡核持续时间很短,反应必须在短时间内完成,空心结构成功率比较低。且微气泡大小难控制,难以调节空心粉的粒径。

## 1.1.2 管嘴封装法

利用管嘴封装获得气腔模板有两种模式,两种模式的区别在于封装料是溶胶还是溶液。通常,管嘴由两同轴管套构而成,其中外管为无机物溶液或以丙酮等溶剂调制的无机物溶胶的物料通道,内管为空气或惰气等气体通道,料料的挤出和气体的注入是同步的,通过离心力、电磁力等外力作用,将料流剪切成小液滴,液滴在自身表面张力的作用下将从内管注入的气体封闭在内,形成空腔,在随后的热处理或冷处理中,料滴因溶剂蒸发而凝结或凝固成壳,而内核因封装有气体而空心化。

管嘴封装法是制备微米至毫米级无机空心粉的常用方法,如 Cochran[15]将 1~10 $\mu m$ 的陶瓷前驱物粒料调制成浆料,应用电脉冲进行剪切封装,制备出 1~6 mm、壳厚 40~200 $\mu m$ 的陶瓷空心球。Delzant[16]以高温玻璃熔体为封装料,通过离心力剪切封装,制备出 300 $\mu m$ 以下的玻璃空心球。管嘴封装法制备空心粉的空心结构影响因素众多,即在制备过程中影响料液表面张力和静水力的因素很多,通过调节管嘴的结构、供气压力、料液剪切速率、温度、冷却强度等工艺条件,以及料液的浓度和粘度等物性参数条件,都可以实现对空心粉的壳层厚度和空腔大小的操纵。该方法只能制备粒径较大的微粉,由于工艺条件限制,很难制备小粒径的粉体。

## 1.1.3 雾化热解法

传统的雾化法制备的粉末粒度通常在微米级以上,而要得到微米级以下的粉末则较为困难。近年来,通过改进喷嘴结构和采用液态有机前驱物在雾化室中先形成气溶胶,再使熔融的金属或无机物从喷嘴中喷出,包覆在前驱物上,经过干燥、热分解等物理和化学过程,最终形成产物粉末。喷雾热解法通常得到的是实心粒子,但也能产生空心粉,形成空心粉的原理是:先以 $H_2O$、$C_2H_5OH$ 或其他溶剂将目标前驱体配成溶液,通过高压喷嘴将溶液分散成小雾滴,小雾滴经历瞬时高温和快速致冷的过程,瞬时高温使溶质受热分解或燃烧等化学反应,液滴在表面张力的作用下形成球形,快速致冷使表面张力急剧增大,将来不及逸出的溶剂或是分解产生的气体封闭在内,形成空心球。如 Pedro 等[17]以 0.25 mol/L 的柠檬酸铁铵和正硅酸乙酯的甲醇混合溶液为原料,制得 $150 \pm 100$ nm 的 $\gamma$-$Fe_2O_3$/$SiO_2$ 空心球;T. C. Chou等[18]将铝、钛、锆的氯化物的水溶液或氯酸氢铝水溶液雾化为小液滴,喷入磷酸三丁酯、三乙胺等两亲性溶液或丙酮中,使前驱物液滴表面发生快速沉淀反应,形成内核为液体的前驱物粒子,再将液核蒸出并经相应热处理,分别得到了具有海绵状壳层的纳米至微米级的 $A1_2O_3$、$TiO_2$ 和 $ZrO_2$ 空心球;Zoltan Karoly[19]以 $Al_2O_3$ 和 $Al(OH)_3$ 浆料为原料,结合等离子技术制备了小于 45 $\mu m$ 的 $Al_2O_3$ 空心球;A. M. Gadalla[20]以铁镍的硝酸盐水溶液为原料,制备出小于 5 $\mu m$ 的 $NiFe_2O_4$ 空心球;Moh[21]将前驱液喷射在热流体表面,制备出直径 1～300 $\mu m$、壳厚小于直径的 10% 的陶瓷空心球;Garnier[22]以燃气为热源,制备了小于 50 $\mu m$ 的硅酸盐玻璃空心粉。此外,$SiO_2$[23],$TiO_2$[24] 和金属空心粉[25]也可以用此方法制备。

由于雾化热分解法是从传统的雾化法发展起来的,因此具有工艺成熟稳定、成本低廉的优点。同时,产物具有纯度高、分散性好、粒度均匀可控的特点。但是,目前对于雾化热分解法的研究还存在两个关键问题有待解决[26]。一是在制备过程中会有大量破碎空心粒子出现,碎片的存在会严重影响后续的工艺过程,降低产物质量的稳定性。同时,对于制备空心粉末而言,使用喷雾热分解法,粒径分布不均匀,粒子大小很难控制,且表面粗糙。对以上问题的解决,将大大推动雾化热分解法的产业化,而且将进一步发展粒子形态设计理论[27]。

### 1.1.4 置换反应法

该工艺是利用金属离子间的还原电势差异的原理制备空心粉末,即还原电势高的金属离子可以被另一种还原电势较低的金属从溶液中置换出来。如 Sun[28]将纳米银粉加入 $HAuCl_4$ 溶液中,由于 $AuCl_4^-$/$Au$(0.99V vs 标准氢电极(SHE))的标准还原电势要比 $Ag^+$/$Ag$(0.8V vs SHE)高,银纳米颗粒在与 $HAuCl_4$ 水溶液混合在一起时被迅速氧化成了银离子:

$$3Ag_{(s)} + AuCl_{4(aq)}^- \longrightarrow Au_{(s)} + 3Ag_{(aq)}^+ + 4Cl_{aq}^- \qquad (1\text{-}1)$$

而在银核附近则置换出金属 Au,当聚集的 Au 的数目突破一临界值后开始成核生长,长大成簇,并最终在银核周围生长成壳状结构。在反应的初期,金壳层是不完整的,这使得 $HAuCl_4$ 和 $AgCl$ 可以通过不完整的壳层互相扩散,这样银核不断消耗,直至完全消失,得到了空心的金属金粉末。通过这种方法可以制备出粒径度小、各向同性、表面光滑且高度结晶化的金、铂和钯等的空心粉末。选用不同形状的金属核心,可制得球形的、三角片形的、立方形的、棒形的和线性的空心粉末。该方法的关键是选取合适的金属核心与适当的盐溶液前驱物之间进行置换反应,但同时也限制了这种方法的应用,并且制备超细的金属粉末核心本身也存在较大的困难。因此,这种制备方法很难在工业生产中得到应用。

### 1.1.5 乳液法

这种方法是以微乳液滴作模板,目标产物的前驱体在液滴表面水解生成相应的氢氧化物或含水氧化物,然后再经过缩聚反应形成稳定的胶体粒子包覆在乳液液滴表面,形成乳液/凝胶的核壳结构,通过加水和丙酮及其他有机溶剂的方法,使产物与微乳液分离,再煅烧除去表面活性剂和有机溶剂,得到目标产物的空心球结构。用该方法可制备出纳米到微米尺度的空心粉,并可制备出球壳含有介孔孔道的空心球[29-33]。Yu 等[34]报道了 TEOS 在含有 PEO-PBO-PEO 嵌段共聚物的 W/O 微乳体系中发生溶胶-凝胶过程,在壳层上形成了极大介孔(孔径为 50 nm)的 $SiO_2$ 空心球。T. Nakashima 等[35]以 $Ti(OBu)_4$ 为钛源,在离子型液体 1-丁基-3-甲基-亚胺基-6 氟磷酸盐($[C_4mim]PF_6$)中制备了 $TiO_2$ 空心球,同时进行了掺金和染色等壳层改性,同样的体系中也得到了 $ZrO_2$,$HfO_2$,$NbO_2$ 等金属氧化物空心球。J. Huang[36]设计了 $CS_2/H_2O$/乙二胺体系,利用 $CS_2$ 与乙二胺的反应产物 $H_2NCH_2CH_2NHCSSH$ 具有两亲的特性,形成稳定的 O/W 型为乳液体系,将 $Cd^{2+}$ 加入该体系,$Cd^{2+}$ 在 $CS^{2-}H_2O$ 界面与原位生成的 $H_2S$ 反应生成 CdS 纳米晶,进而矿化形成内核为未反应的 $CS_2$ 的 CdS 壳,升高温度使 $CS_2$ 蒸发,得到 $150\sim250$ nm 的 CdS 空心球。

此外,通过乳液缩聚或界面聚合的方式也可制备聚合物的空心球[37-41],如 Pavlyuchenko 等[42]采用微乳液法制备了 MMA-MAA-EGDMA 共聚物纳米乳胶,再采用微乳液法在其表面聚合一层交联的疏水的 PS 壳,然后用氨水或氢氧化钠溶液将其中共聚物溶解,获得外径为 $460\sim650$ nm、内径为 $300\sim450$ nm 的聚合物空心球。Jang 等[43]以 poly(ethylene oxid)-poly(propylene oxide)-poly(ethylene oxide)(EO-PO-EO)二元共聚物作为乳化剂,用微乳液法制备了 PMMA 纳米乳胶,再在其表面聚合 PS 壳,获得外径为 $15\sim30$ nm,壳厚度为 $2\sim5$ nm 的纳米级聚合物空心球。

乳液法工艺复杂,前期要控制微乳液的分散性,后期完全去除表面活性剂也有一定困难,因此该方法难以用于大规模生产。

## 1.1.6　自组装法(Self-Assembly)

自组装合成技术是近年来引人注目的前沿合成技术。所谓自组装是指分子及纳米颗粒等结构单元在平衡条件下,通过诸如静电交互作用、表面张力、范德瓦耳斯力、毛细作用、生物特定识别等来缔结成热力学上稳定的、结构上确定的、性能上特殊的聚集体的过程。利用自组装技术,可以得到特定结构的材料。同时,由自组装形成的结构往往显示出独特的光学、电学、磁学和催化性能[44,45]。利用自组装技术来制备空心球结构的材料,是最近几年的研究成果。20 世纪 90 年代,Decher 等[46]提出的带相反电荷的聚电解质在液/固界面通过静电作用交替沉积形成多层膜的自组装技术,在此基础上,Caruso 等发展了一种在带电荷的胶体微粒上组装多层膜的技术[47-52],把带负电荷的胶体微粒作为模板加入到聚阳离子溶液中,待吸附饱和后用超离心的办法使之与溶液分离,再加到聚阴离子溶液中,如此反复就可以得到多层膜结构。在完成了微粒模板上的多层膜组装后,将核模板溶解出来,最后得到了包含纳米微粒、聚电解质等在内的空心球结构。Freeman[53]利用了粒子在溶液中自组装的简易性和贵金属表面对一些有机官能团强烈的结合力,使胶体金和银粒子通过自组装沉积在模板表面的有机薄膜上,从而形成了金属空心粉末的母体。

Caruso 等[49]用聚电解质与无机物之间进行组装,如:先在带负电荷的聚苯乙烯(PS)胶体粒子的表面交替沉积带正电荷的聚二烯丙基二甲基铵(PDADMAC)和带负电荷的聚对磺酸苯乙烯钠盐(PSS),当沉积后表面带正电荷时,再与带负电荷的 TALH([$CH_3CH(O-)CO_2NH_4$]$_2$Ti(OH)$_2$)交替沉积,得到多层结构的表面。再将由 PDADMAC 和 TALH 包埋的 PS 粒子进行高温烧结,分解除去有机物,同时由于 TALH 在高温下的水解、缩聚,形成了 TiO$_2$ 交联的网络,从而最终形成了由 TiO$_2$ 构成的中空结构。该法的优点是无需事先制备好纳米粒子的 TiO$_2$,无需使用有机溶剂,并可在水溶液中直接进行。

Valtchev 等[54]以带负电荷的聚苯乙烯(PSt)微球为核,交替吸附阳离子聚电解质(Redifloc 4150,Akzo Nobel,Sweden)和沸石纳米粒子,最后通过流动空气中 550℃煅烧复合粒子除去有机物后得到沸石空心球。Donath 等[55]用两种聚电解质交替包覆并用溶剂溶解除去核得到了聚合物复合空心球。使用该方法还可以制备出多种无机材料及复合材料的纳米空心球,例如,用粒径 8~12 nm 的 Fe$_3$O$_4$ 粒子可自组装为磁性空心球[51],用粒径 5~6 nm 的 TiO$_2$ 粒子可自组装为直径为 200~600 nm 的空心球[52]。

尽管这种方法可根据需要选择壳层材料,根据壳层厚度要求设计交替包覆的次数,进而严格控制壳层材料的组分及其微观结构,但它的制备工艺路线长,耗时,纯化步骤复杂,最终得到的粒径大小取决于事先合成的模板尺寸,即使事先合成的模板粒径很小,在自组装过程中又不可避免地会自凝结,从而使粒径增大。故得到的粒子尺寸往往达到亚微米级。

　　Yu 等[56,57]提出了一种改进的自组装法:原位模板/自组装法。将生成核芯模板的反应与生成壳层的自组装过程设计在同一体系中,模板是利用生成的小分子无机或有机盐沉淀原位合成,壳层通过阴、阳离子聚合物的凝聚生成的聚离子复合物。模板一旦生成,大分子的凝聚同时开始,故模板粒子间的团聚几率小,尺寸小,比表面积大,凝聚生成聚离子复合物就以前者为核芯,实现原位包埋,形成了纳米尺寸的核/壳结构。由于生成的模板为无机小分子晶体,可用溶剂直接萃取除去。避免了采用高温烧结工艺以及采用聚合物核芯的降解工艺等复杂苛刻的条件。

　　由于自组装技术是近年来发展起来的制备材料的一种新方法,有关研究无论从广度还是从深度上讲,都有大量工作有待完成。通过这种方法制备空心粉末也正处在刚刚起步的阶段,对于制备具有空心结构,并表现出特殊性能的粉末,这种技术无疑是一种极有发展前景的制备方法。

### 1.1.7　逐层吸附法(Layer-by-Layer)

　　早在 20 世纪 60 年代中期,就由 Iler 提出了在固体基体上以 LbL 的方式吸附粒子的构想[58]。90 年代早期,Decher 和他的合作者把 Iler 的成果扩展到了把线性的多阳离子(polycation)和多阴离子(polyanion)结合到一起[46]。LbL 技术最初被广泛用来制备不同的纳米颗粒-聚合物复合薄膜[59,60]。该技术基于静电的相互作用和氢键的结合,通过吸附聚电解质和带电的颗粒,在平面或是球型的基体表面按次序产生一层一层很薄的薄膜(薄膜的厚度可小到纳米级)。随后,越来越多的实验小组采用并改进了这种技术,使在聚电解质的多层排列中可吸附无机纳米颗粒、活质分子、粘粒和染料。Schmitt[60]通过 LbL 的技术在平面基体上制得了金属金纳米颗粒-聚合物的多层薄膜,其中每层膜上 30% 的表面是粒子。以上的这些研究都是把肉眼可见的、平面的(二维的)带电的表面作为吸附的基体。而以胶体粒子为模板,利用 LbL 技术沉积多层纳米颗粒薄膜,可制备得复合核-壳粒子[61-65],或是空心粉末的母体(去除核后即得到了空心球形的粉末)。Caruso 等[62]采用 LbL 技术,把包敷有金纳米颗粒的二氧化硅薄膜($Au/SiO_2$)一层层沉积在聚合物微球的表面,形成排列致密、均质的壳层。通过控制 $Au/SiO_2$ 壳层的厚度(即控制 LbL 沉积的次数),可以获得具有特定光学性能的包覆粒子。去除内核,即可得到$Au/SiO_2$复合空心粉末。图 1-2 即为 LbL 技术制备超细空心球的示意图。

　　在模板上采用 LbL 技术制备空心粉末的主要步骤有:

（1）在胶体粒子模板上沉积一层带电的聚合物层。在胶体悬浊液中加入与胶体粒子表面带相反电荷的聚合物，通过静电作用吸附在胶体粒子的表面上。

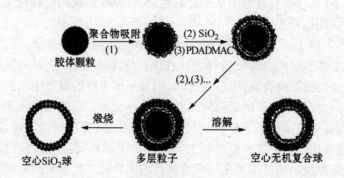

图 1-2　逐层吸附法制备空心粉末的示意图[63]

（2）经过（1）后已经包敷有聚合物涂层的胶体粒子再继续吸附带有相反电荷的聚合物和纳米粒子以沉积另一层聚合物或者是纳米粒子层。通过不断的沉积直至产生多层的壳粒子。每一层沉积后，多余的、未被吸附的聚电解质或是纳米粒子都通过离心，过滤，冲洗后去除。

（3）通过溶解或是热处理，去除核-壳粒子中的核，从而得到空心结构的粒子。

LbL 最大的优势在于可以通过控制沉积薄膜的次数很方便地控制空心粉末的壁厚，使壁厚精确到纳米级；同时，也可以很方便、精确地控制薄膜的成分。

## 1.1.8　界面反应法

该方法的基本思路是将化学反应限制在核模板的表面，通过化学反应生成材料的空心结构。在反应过程中，模板作为反应物参加反应，生成物作为壳包覆在未反应的模板上。随着反应的进行，核模板的量逐渐减少，而壳层厚度不断增加，最后反应生成物形成了空心微球结构。这是一种全新的制备空心球的方法，最早是由中国科技大学谢毅等在 2000 年提出的[36]。他们设计了一种"原位-前驱物模板-界面反应路线"，合成路线是基于 $N_2H_4$ 和 $CS_2$ 之间的反应，反应放出 $H_2S$，可被视为一种原位硫源。但该反应十分剧烈，具有爆炸性，因此引入水作为缓冲试剂。控制适当的温度，$CS_2$ 在水中能够形成稳定的油滴，形成了 $CS_2$-$H_2O$-$N_2H_4$ 这样一个微乳体系。用 $CS_2$ 作硫源，$N_2H_4$ 进攻它来释放 $S^{2-}$，同时，将 $Cd^{2+}$ 与 $H_2S$ 的反应限制在油水界面之上，合成出了直径在 150～250 nm 的 CdS 空心球。Hu 等[30]在此工作的基础上，将 $\gamma$ 射线引入到反应中，用 $^{60}$Co 发射出的 $\gamma$ 射线照射 PMMA-$CS_2$-$C_2H_5OH$-水微乳体系，PMMA 降解为 MMA 单体，$CS_2$ 吸附在 MMA 油滴表面,以 MMA 为核,$Ni^{2+}$ 和 $S^{2-}$ 在油-水界面发生反应,生成的 NiS 包覆在 MMA 上,加热去掉 MMA,形成了直径为 500 nm,壳层厚 20 nm 的 NiS 空心球。Li 等[66] 将还原反应引入到此方法中,提出用模板-界面协同还原反应法制备金属碳化物的空心球。将金属钠同时作为还原剂和核模板,用 $C_4Cl_6$ 作碳源,$TiCl_4$ 和 $VCl_4$ 分别作钛源及钒源,500℃时在金属钠液滴表面发生还原反应,生成了直径分别为 70 nm 和 170 nm 的 TiC 及 VC 的空心球。用界面反应法制备的空心球材料还包括金属 Ni[67],Ag[68] 及方解石[69] 和镁硅酸盐[70] 等。该方法与其他模板法相比,无需专门去除模板,工艺要求相对简单,而且可以通过改变工艺条件调节空心粉的粒径。

Bao 等[67]通过 $NiSO_4$ 和 $NaH_2PO_2$ 在环己烷-水-聚乙二醇乳胶系统中发生的氧化还原反应来制备直径为 300~450 nm 的空心亚微米级的镍粉末。具体的方法是利用超声分散,使环己烷分散在水中呈油滴状,聚乙二醇(包括亲水基和疏水基)桥连了水和环己烷油滴,形成了乳胶系统。而聚乙二醇氧原子对镍离子强烈的亲合力使乳胶液滴表面吸附了一层镍离子,随后 $NiSO_4$ 和 $NaH_2PO_2$ 择优在表面发生氧化还原反应,形成的金属镍在模板表面沉积。随着氧化还原反应和沉积不断进行,在胶体粒子的表面便形成了一层镍壳层。Hu 等[30,36,71]采用界面反应法,在室温下,在 $\gamma$ 辐照下的 $PMMA$-$CS_2$-$C_2H_5OH$-$H_2O$ 系统中制得了亚微米级 NiS 空心粉末。

通过这种方法不仅可以制得空心的金属粉末,而且还可制备一些具有特殊性能的复合包覆或具有空心结构的无机化合物粉末[72-76]。如用表面化学和还原反应可以产生铂纳米颗粒包敷的聚苯乙烯粉末[73]。

## 1.1.9 有机胶粒模板法

该方法是在空心粉制备中使用最早、应用范围最广的一种方法。根据包覆壳层的方式不同,又可以分为直接包覆法和乳胶粒"晶格"模板法两种形式。

直接包覆法即把乳胶粒模板先分散于溶剂中,通过物理吸附作用或化学反应(如沉淀反应、S-G 缩合反应等)使产物或其前驱体直接包覆于乳胶粒外表面,形成核壳结构,然后经焙烧或有机溶剂溶解除去模板,得到相应的空心粉。用此方法人们已成功制备了 $ZrO_2$[77],$Fe_3O_4$[78],$TiO_2$[79] 等多种无机材料的纳微米空心球,常用的模板有聚苯乙烯(PSt)、苯乙烯与甲基丙烯酸的共聚物(PSMA)、苯乙烯与丙烯酸的共聚物(PSA)、聚甲基丙烯酸甲酯($PM_2MA$)等。Zhao 等[80]以苯乙烯与甲基丙烯酸甲酯的单分散性共聚物 PSMA 为核制备 ZnS 空心球。由于 PSMA 带负电,在溶液中通过静电作用会吸附 $Zn^{2+}$;$\gamma$ 射线照射下硫代乙酰胺(TAA)会分解提供 $S^{2-}$,从而与吸附在 PSMA 表面的 $Zn^{2+}$ 结合生成 ZnS;最后通过 600℃ $N_2/H_2$ 中煅烧就得到了 ZnS 的空心球。Ding 等[81]通过分散聚合法使苯乙烯与硅烷偶联剂 KH570 单体共聚,将硅羟基基团(SiOH)通过化学键引入到聚苯乙烯(PSt)乳胶粒的表面;然后滴加硅酸丁酯(TEOS)的乙醇溶液,使 TEOS 与上一步中得到的共聚物发生缩聚反应,从而得到 Si 包覆的核/壳粒子;最后在空气中 800℃煅烧便得到了 Si 的空心球。这种方法的原理简单,是目前应用最多的制备空心粉的方法之一。

直接包覆法的缺点在于如何使包覆层均匀且厚度可控,而且这种方法常会伴随有壳材前驱物以自由沉淀形式析出的现象发生。因此 Zhong 等[82]对包覆法进行改进,用高分子乳胶粒排列出的"晶格"作为模板制备壁厚均匀的 $TiO_2$ 和 $SnO_2$ 的空心球。首先将带一定量电荷的 PSt 乳胶粒分散在两平板间的介质水中,待乳胶粒的水分自然挥发后,充入前驱物溶液,快速凝胶,壳层材料便包覆于乳胶粒表面。最后用甲苯溶解 PSt 除去模板,超声分散后便得到质地均匀的单分散空心粉。但是该方法中要求凝胶过程要足够快,否则得到的是多孔结构的聚集体,因此现在多用这种方法来制备三维有序的多孔材料。如 Chen 等[83]首次用此方法制备了二维和三维有序排列的金属 Ag 的空心球;Gundiah 等[84]用此方法制备了 $TiO_2$、$ZrO_2$、$SiO_2$ 的多孔材料。直接包覆法和乳胶粒晶格模板法共同的特点是,都以具有一定尺寸的固体颗粒作为模板,因此最后都要通过一定工艺除去模板才能得到空心粉。而该过程又涉及煅烧的温度和时间、溶剂的选择等问题,对壳层的最终形貌和性质有很大影响,因此限制了这两种模板法的大规模使用。

## 1.1.10 无机微粒模板法

与高分子乳胶粒作模板相似,无机纳米(或亚微米)粒子(如 $SiO_2$ 微粒、Au 纳米粒子等)也可以作为模板制备无机空心球壳、有机高分子空心球壳以及三维有序半导体多孔材料等。无机模板通常用化学反应的方法除去,如 $SiO_2$ 模板用 HF 溶液腐蚀。Mandal 等[85]用表面硅烷化的 $SiO_2$ 微粒作模板,采用活性自由基聚合反应使 $SiO_2$ 微粒包覆上甲基丙烯酸苄基酯均聚物或甲基丙烯酸苄基酯-乙二醇二甲基丙烯酸酯共聚物,用氢氟酸溶液除去 $SiO_2$ 模板,得到有机高分子的空心球壳。Marinakos 等[86]以 Au 纳米粒子为模板制备了聚吡咯、聚 N-甲基吡咯、聚 N-甲基噻吩等导电高分子的空心球壳,Au 模板用 KCN-$K_3[Fe(CN)_6]$溶液溶解除去。多硫醇基 β-环糊精与 Au 相互作用,吸附于 Au 纳米粒子的表面,环糊精分子之间通过 S-S 键形成环糊精的有机壳层,Au 模板颗粒用 $I_2$-I 溶液与之反应生成 $AuI_4^-$ 而被除去,得到有机空心球[87]。该方法与有机胶粒模板一样,存在去除模板的困难,工艺比较复杂,成本也高。

## 1.2　超细空心粉末的应用

超细空心粉末由于其特殊的结构,在物理、化学、光学以及电磁学方面表现出一些特殊的性能。因此在工程材料、功能材料、生物制药、化工工业和军事工业等领域具有极大的应用前景。

### 1.2.1　工程材料

空心金属粉末压实、烧结后得到的为金属泡沫材料。该材料具有与其他等密度材料如塑料、陶瓷更高的强度或韧性,且同时具有很高的冲击吸收功、较低的热传导性和极轻的重量,被认为是一种极具潜力的工程材料[88]。用途最为广泛的金属泡沫材料为镍,它可以作为碱性蓄电池和燃料电池的电极、红外线辐射气体烧嘴、高效的太阳能聚集电池和绝热、绝电材料等[89,90]。但是,传统材料的廉价性严重阻碍了金属泡沫材料的使用。因此,金属泡沫材料的制备工艺必须不断改进以降低其成本,提高其竞争能力。

### 1.2.2　轻体材料

Baumeister 等研究发现,空心球结构的硅酸盐有良好的热学性质和力学性质,将它们和铝合金混合后,可用于制作机器人的手臂,这要比纯铝合金的材料轻10％～25％,而且性能可以和铝合金制作的相媲美[91]。这种轻体材料在机械工程中有广泛的应用前景。

### 1.2.3　功能材料

由于包覆粉体是由内外两种性质不同的物质所组成,这样就使得粒子在光、热、电、磁等方面表现出特殊的性能。Jackson 的研究指出[92],以介电物质为核(比如 $SiO_2$),以具有强离子共振性质的金属(比如 Au)为纳米壳层的粉末,它的表面等离子表面共振带通过改变直径大小和壳层厚度可以很顺利的把光谱状态由 600 nm 调整至 1 200 nm。与此相比,实心的球形粉末只能在 520 nm 左右上下调整 50 nm,因此,金属金纳米壳层在近红外线附近(800～1 200 nm)具有很强的吸收性(散射),可以作为带通滤波器、Raman 增强剂[93]、光学成像中对比度增强试剂[94]等。

### 1.2.4　催化材料

在许多化工行业中,采用过渡族金属的纳米颗粒作为催化剂。而利用超细空心粉末的特殊结构,颗粒的比表面积大大提高,在表面聚集了大量的粒子,从而为颗粒提供了更多的催化活化中心，大幅度提高了催化剂的催化性能。如 Kim 等[95]用去除模板法合成了金属 Pd 空心球，并研究了其作为催化剂的性能。研究发现，用空心球结构的 Pd 作催化剂，第一次 Suzuki 交叉耦合反应的产率 97%，催化剂循环使用 7 次，反应的产率仍为 96%，说明空心球结构的 Pd 催化剂可多次使用而不失活。同样的条件下，用 Pd 的纳米颗粒作催化剂，反应进行一次后，催化剂颗粒团聚，失去活性。这表明空心球结构的材料用作催化剂有明显的优势。此外，$TiO_2$、CdS、ZnS 等半导体材料的空心球结构常用作光催化材料。将这些材料的空心球撒在含有有机物的废水表面上，利用太阳光可进行有机物降解。美国、日本就是利用这种方法对海上石油泄漏造成的污染进行处理的。

## 1.2.5　光电材料

空心微球可用作光电材料，最近研究较多的空心球紧密堆积而形成"超晶格"结构，这类材料在现代光电子器件中有重要的作用[96]，原因是这些空心球密排成三维周期的"晶格"结构后，性质出现极大的变化。最引人注意的是，可能会在此结构中得到完全的光电子带隙，光子在其中不会向任何方向传播。这样，人们就能够抑制我们所不需的光的自发传播，而可以操纵光子的流向。另外 Xie 等[36]制备的CdS 空心球表现出明显的量子尺寸效应，对紫外光吸收有明显的蓝移，而且在室温下呈现出光致发光现象，发光带的峰位在 373 nm，比块状 CdS 蓝移了 130 nm，可以作为光电材料。

## 1.2.6　磁性材料

Bao 等用模板-界面反应法制备出直径为 370 nm 的金属 Ni 空心球，并测定了其磁学性质。相同条件下，Ni 空心球的矫顽力要比块状金属 Ni 高很多[67]。此外，Pedro 等[17]合成并研究了 $SiO_2/(\gamma\text{-}Fe_2O_3)$ 空心球的磁学性能，研究发现，通过改变组成和温度，可以调节材料的磁性，为实现材料的磁性可控提供了一种新方法。

## 1.2.7　生物医药材料

空心纳米球可以用作药物传递系统[97,98]，将缓释药物有效传送到病灶部位或者实现药物的控制释放，如实现降血钙素、胰岛素的控制释放；此外空心聚合物纳米球还可以用于生物大分子，如蛋白质、酶及核酸的微囊化、迁移及释放、基因疗法以及制备血液替代品等。此外 Gao 等[99]合成了元素硒空心球并研究了其抗氧化性能，实验显示硒空心球的抗氢氧自由基的比率为 68%，而硒纳米粒子为 22%，空心球结构的材料更适于作为抗氧化药物。Caruso 等[45]报道了将生物酶包裹在聚合物空心球中，可以得到新型生物功能材料；他们制备的含有蛋白质和高分子的空心球,可作为药物载体注入生物体中。此外,Koktysh 等制备的 $TiO_2$ 空心球可以探测到多巴胺(一种治脑神经病的药物),将包裹电极的这种材料移植到大脑中,可控制神经中枢。

微脂粒泡是一类特殊的的空心球形结构。它们是由膦脂自组装后,形成了密排的双层聚合系统。由于双层结构把分别与水接触的内部和外部结构隔离出来,因此,溶水性的药物可以很方便的封装到空心结构中,使得该空心结构在生物制药和化妆品产业中得到广泛的应用。如何按照不同的使用要求使载体具有良好的渗透性和稳定性是研究可控药物释放载体的关键。

通过控制胶囊的壁厚和成分可以使胶囊具有选择性的、开关控制的渗透作用,从而使胶囊可以释放不同的物质;也可以使用对交联、pH、温度敏感的聚合物作为囊壁来改变渗透性。在囊壁中渗入特定的活性基,在系统中发生特定的物理化学反应(如结晶、聚合等),或者通过官能基在囊壁表面耦合活性物质,都可以使胶囊具有生物功能性[45]。

### 1.2.8 军事工业

随着雷达、微波通信技术的迅速发展,特别是近年来由于抗电磁波干扰、隐身技术、微波暗室等方面的要求,对高频电磁波吸收材料的研究日益为人们所重视。世界各国,尤其是发达国家投入了大量的人力、物力来开展此项研究。

比重小、吸波性能好、频带宽、综合性能良好,是新型吸波材料的发展方向。最近 Xu 等[100]制备了一种新型电磁波吸收材料,该材料的吸收剂由表面化学镀镍的空心微球组成。在微波频率范围内该吸收剂具有较高的磁导率和磁损耗正切,而介电常数相对较低,与传统的微波吸收剂相比,非常适合作为超薄型多层微波吸波材料的吸收剂。

目前,有关超细空心粉末的研究还处在一个刚刚起步的阶段,相关的研究报道都集中在国外,国内相关报道较少。新型的、简单有效、成本低廉的超细空心粉末的制备技术的开发必将为这种新型材料在化学、生物技术、材料科学、军事工业等领域的产业化和实用性打下坚实的基础。不同材质的包覆和空心粉末将扮演包括药物载体、人造细胞、光电敏感元件、形状选择吸附剂、吸波材料、催化剂等不同的角色,随着粉末性能的不断提升,它的可适用范围还将不断地拓展。

## 1.3 本书的主要内容

近年来,由于空心结构的超细粉体在物理、化学、生物、医药、军事等领域具有诱人的前景,因此相关的制备方法一直是人们研究的一个热点,目前报道的研究主要集中在制备方法复杂、成本相对较高的模板法上。而在近来的研究中,有关超细空心金属粉末的制备与性能研究方面的报道相对较少,特别是制备有铁磁性的空心金属粉末则更少。而具有铁磁性的金属和金属氧化物一直是微波吸收材料研究中的重点,同时,对轻质、宽频、高效微波吸收剂的研发也是目前吸波材料的发展趋势,这就使得空心结构的铁磁性金属及其氧化物在微波吸收领域有着十分广阔的应用前景。

本书介绍了一种简单易行、成本低廉的自催化还原反应法来制备具有空心结构的铁磁性金属粉体,并制备出球形空心镍粉、空心镍管和穿孔镍球;通过对自催化还原反应以及主要工艺参数的研究,初步总结了该方法制备超细空心镍球的形成机理,为制备空心结构金属粉末提供一种新的思路。在此基础上,对空心镍球进行表面改性,制备了具有蜂窝状结构的镍-钴复合空心球;通过对制备工艺的进一步研究,制备了镍-钴、镍-四氧化三铁复合空心球。同时对所制备的空心镍球和复合空心球的电磁性能、太阳能吸热性能进行了研究,通过计算对其微波吸收性能进行分析,为获得高性能的微波吸收剂提供理论依据。本书的主要研究内容有:

(1) 对自催化还原法制备超细空心球形镍粉的形成机理进行研究,利用FESEM、TEM、XRD等分析测试手段对反应过程中所得镍球进行表征,分析探讨并建立自催化还原反应法制备空心镍球的基本模型。

(2) 对自催化还原反应进行动力学分析,主要研究影响自催化还原反应速率的工艺参数。同时考察主要工艺参数对产物的粒径大小及粒度分布、产物形貌和成分的影响,并研究后处理工艺对产物的影响。

(3) 在利用自催化还原法制备空心镍粉的基础上,研究自催化还原法制备 Ni-Co 和 Ni-Fe$_3$O$_4$ 复合空心磁性粉,并探讨工艺参数对粒径、成分的影响。通过复合反应,制备出成分、粒径不同的磁性空心粉。

(4) 研究利用自催化还原方法制备其他空心结构的纳米镍粉,研究前驱体形态结构对形成空心结构的影响,探讨有关工艺参数对结构、成分和形成过程的影响。通过自催化还原反应,制备出空心纳米镍管、纳米穿孔镍球。

(5) 研究空心镍球表面改性方法,利用化学镀方法在空心镍球表面包覆一层Co-P薄膜,制备出钴表面改性镍空心粉。分析包覆层的形貌、结构、成分以及比表面积等,并研究工艺参数对空心镍球表面化学镀钴的影响。

(6) 研究铁磁性空心金属球在静磁场的磁性能,探讨粒径、形貌、成分比例、温度对空心粉体磁性能的影响,并对磁化机制进行研究。

(7) 通过测量铁磁性空心粉体与石蜡复合体的微波电磁参数,考察粒径、形貌、成分比例对电磁性能的影响。利用微波吸收公式计算铁磁性空心粉体-石蜡混合体的微波反射损耗值,考察粒径、形貌、成分比例对微波吸收的影响,同时混合体作为微波吸收层进行匹配厚度和匹配频率的分析,为优化设计新型、高效的微波吸收剂提供理论依据。

(8) 研究空心镍粉在太阳光波范围的光学性质,考察粒径、涂层厚度对涂层吸收性能的影响,探索空心镍粉在太阳能选择性吸收涂层方面的应用。

(9) 研究自催化还原法制备其他空心结构镍粒子的机制,考察形态结构控制的关键工艺因素,为进一步拓展自催化还原法在制备特殊结构微/纳米材料的应用提供参考。

# 参考文献

[1] Kaltenpoth, G., Himmelhaus, M., Slansky, L., et al. Conductive core-shell particles: An approach to self-assembled mesoscopic wires [J]. Adv. Mater., 2003, 15(13): 1113-1118.

[2] Eftekharzadeh S., Stupp S. I. Textured materials templated from self-assembling media [J]. Chem. Mater., 1997, 9(10): 2059-2065.

[3] Davis S. A., Burkett S. L., Mendelson N. H., et al. Bacterial templating of ordered macrostructures in silica and silica-surfactant mesophases[J]. Nature, 1997, 385: 420-423.

[4] Steinhart M., Jia Z., Schaper A. K., et al., Palladium nanotubes with tailored wall morphologies[J]. Adv. Mater., 2003, 15(9): 706-709.

[5] Sun Y., Xia Y., Shape-controlled synthesis of gold and silver nanoparticles[J]. Science, 2002, 298: 2176-2179.

[6] Wang L., Sasaki T., Ebina Y., et al., Fabrication of controllable ultrathin hollow shells by layer-by-layer assembly of exfoliated titania nanosheets on polymer templates[J]. Chem. Mater., 2002, 14(11): 4827-4832.

[7] Chen, Z., Zhan, P., Wang, Z., et al., Two-and three-dimensional ordered structures of hollow silver Spheres prepared by colloidal crystal templating[J]. Adv. Mater., 2004, 16 (5): 417-422.

[8] Lin H. P., Chen Y. R., Mou C. Y., Hierarchical order in hollow spheres of mesoporous silicates[J]. Chem. Mater., 1998, 10(12): 3772-3776.

[9] Bommel K. J. C., Jung J. H., Shinkai S. Poly(L-lysine) aggregates as templates for the formation of hollow silica spheres[J]. Adv. Mater., 2001, 13(19): 1472-1476.

[10] Chah, S., Fendler, J. H., Yi, J., Nanostructured gold hollow microspheres prepared on dissolvable ceramic hollow sphere templates[J]. J. Colloid Interface Sci., 2002, 250: 142-148.

[11] Schmidt H. T., Ostafin A. E., Liposome directed growth of calcium phosphate nanoshells [J]. Adv. Mater, 2002, 14(7): 532-535.

[12] 李金焕，王国文，超声波化学制备无机粉体的研究进展[J]. 江苏陶瓷，2007，40(2)：8-15.

[13] Zhu J. J. Sonochemical synthesis of CdSe Hollow Spherical Assemblties via an In-Situ Template Route[J]. Adv. Mater. , 2003, 15(2)：156-159.

[14] Rana R. K. , Mastai Y. , Gedanken A. Acoustic cavitation leading to the morphosynthesis of mesoporous silica vesicles[J]. Adv. Mater. , 2002, 14(19)：1414-1418.

[15] Cochran J. K. Methods for producing fiber reinforced microspheres made from dispersed particle compositions. 4867931[P]. (USA, 1989).

[16] Delzant, Marcel, Gas-filled glass beads and method of making. 4547233[P]. (USA, 1985).

[17] Pedro T. , Teresita G. C. , Carlos J. S. Single-Step Nanoengineering of Silica Coated Maghemite Hollow Spheres with Tunable Magnetic Properties[J]. Adv. Mater. , 2001, 13 (21)：1620-1624.

[18] Chou T. C. , Ling T. R. , Liu C. C. Micro and nano scale metal oxide hollow particles produced by spray precipitation in a liquid-liquid system[J]. Materials Science and Engineering A, 2003, 359：24-30.

[19] Karoly Z. , Szepvolgyi J. , Hollow alumina microspheres prepared by RF thermal plasma, Powder Technology[J]. 2003, 132：211-215.

[20] Gadalla A. M. , Yu H. F. Preparation of fine hollow spherical $NiFe_2O_4$ powders[J]. J. Mater. Res. , 1990, 5：2923-2927.

[21] Moh K. H. , Sowman H. G. , Wood T. E. Sol gel-derived ceramic bubbles. 5077241[P]. (USA, 1991).

[22] Garnier P. , Abriou D. , Gaudiot J. J. Apparatus for production of hollow glass microspheres. 5256180[P]. (USA, Saint Gobain Vitrage, 1993).

[23] Bruinsma P. J. , Kim A. Y. , Liu J. , et al. , Mesoporous silica synthesized by solvent evaporation：Spun fibers and spray-dried hollow spheres[J]. Chem. Mater. , 1997, 9：2507-2512.

[24] Iida M. , Sasaki T. , Watanab M. Titanium dioxide hollow microspheres with an extremely thin shell[J]. Chemistry of materials, 1998, 10(12)：3780-3782.

[25] Jaeckel M. , Smiguski H. Process for producing metallic or ceramic hollow-sphere bodies. 4917857[P]. (USA, 1990).

[26] Messing G. L. , Zhang S.-C. Jayanthi G. V. , Ceramic powder synthesis by spray pyrolysis[J]. Journal of the American Ceramic Society, 1993, 76(11)：2707-2726.

[27] Gurav A. , Kodas T. Aerosol processing of materials[J]. J Aerosol Sci. Tech. , 1993, 19：411-419.

[28] Sun Y. , Mayers B. , Xia Y. , Metal nanostructures with hollow interiors[J]. Adv. Mater. , 2003, 15：641-646.

[29] Yang X. , Chaki T. K. Hollow lead zirconate tiranate microspheres prepared by sol-gel/emulsion technique[J]. Mater. Sci. Eng. B, 1996, 39: 123-128.

[30] Hu Y. , Chen J. , Chen W. , et al. , Synthesis of novel nickel sulfide submicrometer hollow spheres[J]. Adv. Mater. , 2003, 15(9): 726-729.

[31] Ren T. Z. , Yuan Z. Y. , Su B. L. Surfactant-assisted preparation of hollow microspheres of mesoporous $TiO_2$[J]. Chem. Phys. Lett. , 2003, 374: 170-175.

[32] Park J. H. , Oh C. , Shin S. I. , et al. , Preparation of hollow silica microspheres in W/O emulsions with polymers[J]. Journal of Colloid and Interface Science, 2003, 266: 107-114.

[33] Li W. , Sha X. , Dong W. , et al. , Synthesis of stable hollow silica microspheres with mesoporous shell in nonionic W/O emulsion[J]. Chem. Commun. , 2002, 20 2434-2435.

[34] Yu C. , Tian B. , Fan J. , et al. , Synthesis of siliceous Hollow Spheres with Uitra Large Mesopore Wall Structures by Reverse Emulsion Templating[J]. Chem. Lett. , 2002, 1: 62-63.

[35] Nakashima T. , Kimizuka N. Interfacial synthesis of hollow $TiO_2$ microspheres in ionic liquids[J]. J. Am. Chem. Soc. , 2003, 125(21): 6386-6387.

[36] Huang J. , Xie Y. , Li B. , et al. , In-situ source-template-interface reaction route to semiconductor CdS submicrometer hollow spheres [J]. Adv. Mater. , 2000, 12 (11): 808-811.

[37] Thurmond K. B. , Kowalewski T. ,. Wooley K. L. Shell cross-linked knedels: a synthetic study of the factors affecting the dimensions and properties of amphiphilic core-shell nanospheres[J]. J. Am. Chem. Soc. , 1997, 119(28): 6656-6665.

[38] McKelvey C. A. , Kaler E. W. , Zasadzinski J. A. , et al. , Templating Hollow Polymeric Spheres from Catanionic Equilibrium Vesicles: Synthesis and Characterization [J]. Langmuir, 2000, 16(22): 8285-8290.

[39] Hotz J. , Meier W. Vesicle-templated polymer hollow spheres[J]. Langmuir, 1998, 14 (5): 1031-1036.

[40] Wendland M. S. , Zimmerman S. C. Synthesis of Cored Dendrimers[J]. J. Am. Ceram. Soc. , 1999, 121: 1389-1390.

[41] Murthy N. S. , Tang W. , Mares F. , et al. , The Studies of Fibers Based on Poly (ethylene terephthalate)-Poly (caprolactone) block copolymer[J]. Polymer Preprints, 1999, 40(1): 629-630.

[42] Pavlyuchenko V. N. , Sorochinskaya O. V. , Ivanchev S. S. , et al. , Hollow-Particle Latexes: Preparation and Properties[J]. J. Polymer Sci. Polymer Chemistry, 2001, 39 (9): 1435-1449.

[43] Jang J. , H. H. Fabrication of hollow polystyrene nanospheres in microemulsion polymerization using triblock copolymers[J]. Langmuir, 2002, 18: 5613-5618.

[44] Huang H. , Remsen E. E. , Kowalewski T. , Nanocages derived from shell cross-linked

micelle templates[J]. J. Am. Chem. Soc., 1999, 121(15): 3805-3806.

[45] Caruso F., Hollow capsule processing through colloidal templating and self-Assembly[J]. Chem. Eur. J., 2000, 6(3): 413-419.

[46] Decher G., Hong J. D., Ges B. B. Buildup of ultrathin multilayer films by a self-assembly process. II. Consecutive adsorption of anionic and cationic bipolar amphiphiles and polyelectrolytes on charged surfaces Berichte der Bunsen-Gesellschaft Physical Chemistry [J]. Chemical Physics, 1991, 95: 1430-1433.

[47] Caruso F., Caruso R. A., MOHWALD H. Nanoengineering of inorganic and hybrid hollow apheres by colloidal temlpating[J]. Science, 1998, 282: 1111-1114.

[48] Caruso F., Lichtenfeld H., Giersig M., Mohwald H. Electrostatic self-assembly of silica nanoparticle-polyelectrolyte multilayers on polystyrene latex particles[J]. J. Am. Chem. Soc., 1998, 120(33): 8523-8524.

[49] Caruso F., Möhwald H., Protein multilayer formation on colloids through a stepwise self-assembly technique[J]. J. Am. Chem. Soc., 1999, 121(25): 6039-6046.

[50] Caruso F., Carlos R. A., MOhwald H., Production of Hollow Microspheres from Nanostructured Composite Particles[J]. Chem. Mater., 1999, 11(11): 3309-3314.

[51] Caruso F., Spasova M., Susha A., et al., Magnetic nanocomposite particles and hollow spheres constructed by a sequential layering approach[J]. Chem. Mater., 2001, 13(1): 109-116.

[52] Caruso R. A., Susha A., Caruso F. Multilayered Titania, Silica, and Laponite Nanoparticle Coatings on Polystyene Colloidal Templates and Resulting Inorganic Hollow Spheres[J]. Chem. Mater., 2001, 13(2): 400-409.

[53] Freeman R. G., Grabar K. C., Allison K. J., et al., Self-assembled metal colloid monolayers: an approach to SERS substrates[J]. Science, 1995, 267: 1629-1631.

[54] Valtchev V., Mintova S. Layer-by-layer preparation of zeolite coatings of nanosized crystals[J]. Microporous and Mesoporous Materials, 2001, 43: 41-49.

[55] Donath E., Sukhorukov G. B., Caruso F., et al., Novel hollow polymer shells by colloid-templated assembly of polyelectrolytes[J]. Angew Chem Int Ed 1998, 37: 2201-2205.

[56] Yu F., Liu Y., Yao S. A New Method to Synthesize Microcapsule and Its Application in Cotrollable Photodegradation of Polymers[J]. Polym. J., 2002, 34(4): 302-305.

[57] Yu F. Q., Liu Y. P, Zhuo R. X., A novel method for the preparation of core-shell nanoparticles and hollow polymer nanospheres[J]. J. Appl. Polym. Sci., 2004, 91(4): 2594-2600.

[58] Iler R K., Multilayers of colloidal particles[J]. J. Colloid Interface Sci. 1966, 21(6): 569-594.

[59] Dokoutchaev A., James J. T., Koene S. C. et al., Colloidal metal deposition onto functionalized polystyrene microspheres[J]. Chem. Mater., 1999, 11(9): 2389 - 2399.

[60] Schmitt J. , Decher G. , Dressick W. J. , Metal nanoparticle/polymer superlattice films: Fabrication and control of layer structure[J]. Adv. Mater. , 1997, 9(1): 61-65.

[61] Caruso F. , Mohwald H. , Preparation and characterization of ordered nanoparticle and polymer composite multilayers on colloids[J]. Langmuir, 1999, 15(23): 8276-8281.

[62] Caruso F. , Spasova M. , Salgueiri-Maceira V. , Multilayer assemblies of silica-encapsulated gold nanoparticles on decomposable colloid templates[J]. Adv. Mater. , 2001, 13(14): 1090-1094.

[63] Caruso F. , Caruso R. A. , Möhwald H. , Nanoengineering of inorganic and hybrid hollow spheres by colloidal templating[J]. Science, 1998, 282: 1111-1114.

[64] Wang X. D. , Tang Y. , Wang Y. J. , et al. , Fabrication of hollow zeolite spheres[J]. Chem. Commun. , 2000, (21): 2161-2162.

[65] Caruso F. , Shi X. , Caruso R. A. , et al. , Hollow titania spheres from layered precursor deposition on sacrificial colloidal core particles[J]. Adv. Mater. , 2001, 13(10): 740-744.

[66] Li C. , Yang X. , Yang B. , et al. , Template-Interface Co-Reduction Synthesis of Hollow Sphere-like Carbides[J]. Eur. J. Inorg. Chem. , 2003, 19: 3534-3537.

[67] Bao J. C. , Liang Y. Y. , Xu Z. , et al. , Facile Synthesis of Hollow Nickel Submicrometer Spheres[J]. Adv. Mater. , 2003, 15(21): 1832-1835.

[68] Zhang D, Qi L, Ma J. Cheng H, Synthesis of submicrometer-sized hollow silver spheres in mixed polymer-surfactant solutions[J]. Adv. Mater. , 2002, 14(20): 1499-1502.

[69] Qi L. , Li J. , Ma J. , Biomimetic morphogenesis of calcium carbonate in mixed solutions of surfactants and double-hydrophilic block copolymers[J]. Adv. Mater. , 2002, 14(4): 300-303.

[70] Muthusamy E. , Walsh D. , Mann S. Morphosynthesis of organoclay microspheres with spongelike or hollow interiors[J]. Adv. Mater, 2002, 14(13): 969-972.

[71] Hu Y. , Chen J. F. , Chen W. et al. , Synthesis of nickel sulfide submicrometer-sized hollow spheres using a $\gamma$-irradiation route[J]. Adv. Funct. Mater, 2004, 14(4): 383-386.

[72] Oldenburg S. J. , Averitt R. D. , Westcott S. L. , et al. , Nanoengineering of optical resonances[J]. Chem. Phys. Lett. , 1998, 288: 243-247.

[73] Chen C. W. , Serizawa T. , Akashi M. , Preparation of platinum colloids on polystyrene nanospheres and their catalytic properties in hydrogenation[J]. Chem. Mater. , 1999, 11 (5): 1381 - 1389.

[74] Dhas N. A. , Zaban A. , Gedanken A. , Surface synthesis of zinc sulfide nanoparticles on silica microspheres: sonochemical preparation, characterization, and optical properties[J]. Chem. Mater. , 1999, 11 (3): 806-813.

[75] Kobayashi Y. , Salgueiriño-Maceira V. , Liz-Marzán L. M. , Deposition of silver nanoparticles on silica spheres by pretreatment steps in electroless plating[J]. Chem. Mater, 2001, 13 (5): 1630-1633.

[76] Mayer A. B. R. , Grebner W. , Wannemacher R. , Preparation of silver-Latex composites [J]. J. Phys. Chem. B, 2000, 104 (31): 7278-7285.

[77] Yin J. L. , Qian X. F. , Yin, J.. et al. , Preparation of polystyrene/zirconia core-shell microspheres and zirconia hollow shells[J]. Inorganic Chemistry Communications, 2003, 6 (7): 942-945.

[78] Huang Z. B. , Tang F. Q. , Zhang L. Morphology control and texture of $Fe_3O_4$ nanoparticle-coated polystyrene microspheres by ethylene glycol in forced hydrolysis reaction[J]. Thin Solid Films, 2005, 471: 105-112.

[79] Eiden S. , Maret G. Preparation and characterization of hollow spheres of rutile[J]. Journal of Colloid and Interface Science, 2002, 250: 281-284.

[80] Zhao Y. B. , Chen T. T. , Zou J. H. Fabrication and characterization of monodisperse zinc sulfide hollow spheres by gamma-ray irradiation using PSMA spheres as templates[J]. Journal of Crystal Growth, 2005, 275(3): 521-527.

[81] Ding X. F. , Yu, K. F. Jiang Y. Q. , et al. , A novel approach to the synthesis of hollow silica nanoparticles[J]. Mater. Lett. , 2004, 58: 3618-3621.

[82] Zhong Z. Y. , Yin Y. D, Gates B. Xia Y. N. Preparation of mesoscale hollow spheres of $TiO_2$ and $SnO_2$ by templating against crystalline arrays of polystyrene beads[J]. Adv. Mater. , 2000, 12: 206-209.

[83] Chen Z. , Zhan P. , Wang Z. L. , et al. , Two-and three-dimensional ordered sturctures of hollow silver spheres prepared by colloidal crystal templating[J]. Adv. Mater. , 2004, 16: 417-422.

[84] Gautam G. , Rao C. N. R. Macroporous oxide materials with three-dimensionally interconnected pores[J]. Solid State Sciences, 2000, 2(8): 877-882.

[85] Mandal T. K. , Fleming, M. S. Walt D. R. Production of hollow polymeric microspheres by surface-confined living radical polymerization on silica templates[J]. Chem. Mater. , 2000, 12: 3481-3487.

[86] Marinakos S. M. , Anderson M. F. , Ryan J. A. , et al. , Encapsulation, Permeability, and Cellular Uptake Characteristics of Hollow Nanometer-sized Conductive Polymer Capsules[J]. J Phys. Chem. B, 2001, 105: 8872-8876.

[87] Sun L. , Crooks R. M. , Chechik V. Preparation of polyey-eledextrin hollow spheres by templating gold nanoparicles[J]. Chem. Commun. , 2001: 359-360.

[88] David J. S. , Phillip A. P. , Haydn N. G. W. , Novel hollow powder porous structures [J]. Mat. Res. Soc. Symp. Proc. , 1998, 521: 205-210.

[89] Clancy R. B. , Sanders Jr. T. H. , Cochran J. K. , Fabrication of thin-wall hollow nickel spheres and low density syntactic foams, in Light Weight Alloys for Aerospace Applications Ⅱ[J]. J. , Warrendale, PA, 1991, 477-485.

[90] Weimer G. A. Foamed Metals Start to Realize Potential[J]. Iron Age, 1976, 218(8): 33-34.

[91] Baumeister E. , Klaeger S. Advanced new lightweight materials: hollow-sphere composites (HSCs) for mechanical engineering applications[J]. Adv. Eng. Mater. , 2003, 5(9): 673-677.

[92] Jackson J. B. , Halas N. J. , Silver Nanoshells: Variations in Morphologies and Optical Properties[J]. J. Phys. Chem. B, 2001, 105: 2743-2746.

[93] Oldenburg S. J. , Westcott S. L. , Averitt R. D. , et al. Surface enhanced Raman scattering in the near infrared using metal nanoshell substrates[J]. J. Chem. Phys. , 1999, 111: 4729-4735.

[94] Sershen S. R. , Westcott S. L. , Halas N. J. , et al. Temperature-sensitive polymer-nanoshell composites for photothermally modulated drug delivery[J]. J. Biomed. Mater. Res. , 2000, 51: 293-298.

[95] Kim S. W. , Kim, M. W. Lee Y. , et al. , Fabrication of Hollow Palladium Spheres and Their Successful Application to the Recyclable Heterogeneous Catalyst for Suzuki Coupling Reactions[J]. J. Am. Chem. Soc. , 2002, 124(26): 7642-7643.

[96] Xia Y. , Gates B. , Yin Y. , Lu Y. Monodispersed Colloidal Spheres: Old Materials with New Applications[J]. Adv. Mater. , 2000, 12: 693-713.

[97] Gill I. , Ballesteros A. Encapsulation of biologicals within silicate, siloxane, and hybrid sol-gel polymers: An efficient and generic approach[J]. J. Am. Chem. Soc. , 1998, 120 (34): 8587-8589.

[98] Breimer D. D. , Future challenges for drug delivery[J]. J. Controlled Release, 1999, 62: 3-6.

[99] Gao X. Y. , Zhang J. S. , Zhang L. D. , Hollow Sphere Selenium Nanoparticles: Their In-Vitro Anti Hydroxyl Radical Effect[J]. Adv. Mater. , 2002, 14(4): 290-293.

[100] Xu H. , Xu L. , Gu N. , et al. , A new electromagnetic functional material composed of metallic hollow micro-spheres[J]. Journal of Southeast University, 2003, 19(1): 8-11.

# 2 自催化还原法制备超细空心金属球的形成机理

## 2.1 引言

空心球是一类内核为空气或其他气体的特殊结构的核壳(core-shell)粒子,与其相应的实心材料相比具有较大的比表面积、较小的密度以及特殊的力学、光、电等物理化学性质及应用价值,近年来引起了科研工作者极大的兴趣,目前已成为材料研究领域内的一个热点。有研究表明,某些空心球的核层折光指数远低于实心球的折光指数,有可能对微波电磁场形成"黑洞",可望获得高性能的雷达隐身材料[1];而某些超细空心球不仅可以用作催化剂载体,还可以作为纳米材料、生物大分子及药物缓释的载体,在生物、医药等领域有潜在的应用价值[2-4];空心球特殊的力学、热学性质和良好的流动性,使其被作为轻质的隔热、保温、阻燃材料的研究对象[5];同时超细空心球在化学反应工程中可以用作微反应器,使化学反应在限定的微小区域内进行。

目前,国外研究得较多的制备超细空心球的方法主要是模板构造法[6-9]。即用表面活性剂、微乳液滴、有机颗粒以及空心的陶瓷粉末等形成模板,再在模板界面进行反应或通过吸附,在该表面上形成包覆结构,再将其中的模板通过灼烧或溶解去除,便得到空心结构。对于这种方法而言,模板的选择是制备空心粉末的关键,如何得到形状、粒度可控,易于去除的模板是研究者最为关注的课题,并且模板的去除效果也是影响产物纯度的重要原因。

近来报道的制备的超细空心球大多为玻璃,陶瓷,半导体等。如有人利用激光辐射法制备了 NiS 超细空心球[10];有研究者通过水热法制得了纳米空心稀土金属氟化物和氧化物[11]。然而,到目前为止,只有少量关于金属空心球制备的报道[12-16],而这些报道也都集中在贵金属的制备上,如金属金[12]、银[14]、钯[15]等,极少有关于铁磁性金属空心球的报道。最近,Xu 等人[17,18]用微乳滴为模板,以 $H_2PO_2^-$ 为还原剂,在乳滴表面还原 $Ni^{2+}$,制得了微米级和纳米级的空心镍球。这种方法是在模板法的基础上,利用还原方法来制备空心镍球的,该方法具有模板法制备空心粉的特点。本课题组在长期的化学镀镍基本原理研究的基础上,提出了一种简单易行的自催化还原法制备超细空心金属球的方法[19]。本章重点对该方法制备超细空心镍球(nickel hollow spheres (NHSs))进行了研究,利用多种分析测试手段对所得产物进行了详细表征;并分析了空心镍球的形成过程,对自催化还原法制备超细空心金属球的机理进行了实验验证。

## 2.2 设计思路与实验方法

### 2.2.1 自催化还原法制备空心镍球的基本原理

在水溶液中利用还原剂如次磷酸钠、硼氢化钠、水合肼等还原出某些金属的反应,早已在化学镀工艺中得到应用,最常见的为次磷酸钠还原金属镍。虽然次磷酸盐等还原金属的反应从热力学角度考虑是能够发生的,但要在实际中得以顺利进行,还需要具备动力学的条件,即要克服反应过程中所遇到的能量势垒。这就需要在反应开始前提供活化中心,来增加反应的活化能,或者说降低反应所需克服的势垒。而元素周期表中第Ⅷ族元素表面几乎都有催化活性[20],如 Ni、Co、Fe、Pd、Rh 等金属,其催化活性表现为脱氢和氢化作用。如在化学镀镍工艺中就是利用次磷酸根离子在这些金属表面的催化脱氢作用和加热条件下产生活泼的初生态原子 H[20]:

$$H_2PO_2^- + H_2O \xrightarrow{\text{催化,加热}} HPO_3^{2-} + H^+ + 2H_{ad} \qquad (2\text{-}1)$$

$Ni^{2+}$ 的还原就是由活性金属表面吸附的原子 H 交出电子实现的:

$$Ni^{2+} + 2H_{ad} \longrightarrow Ni + 2H^+ \qquad (2\text{-}2)$$

还原出来的金属 Ni 沉积下来形成一层镍膜,这层镍膜同样也是具有催化活性的,即自催化功能,它使得还原反应继续进行,这样,不断沉积下来的镍同样具有自催化的性质。在化学镀工艺中,利用其他金属如 Co、Fe 等这种自催化性质也同样可以制备相应的金属镀层,而这种性质也是我们制备空心金属球的动力学基础。

对于无机固态粒子形成的胶体而言,大量胶体颗粒是以亚稳态形式分散在溶液中的。胶体粒子通常带有正(负)电性,通过吸附周围的相反电荷的离子形成电中性的胶团,在胶体颗粒与溶液的界面之间形成了一层独特的双电子层结构,这使得它们在一定条件下能够在溶液中保持稳定[21]。在此以 $Ni(OH)_2$ 为例来说明胶核的自催化功能。在所制备的 $Ni(OH)_2$ 胶体溶液中,由于存在过量的 $Ni^{2+}$,在双电层的最里层,即 $Ni(OH)_2$ 胶核表面,聚集了大量 $Ni^{2+}$,这样就形成一个带正电性的胶核,它与溶液中的阴离子通过静电吸附形成一个稳定的胶团,如图 2-1 所示。而当溶液中分散的 $H_2PO_2^-$ 被吸引到胶核附近时,布满 $Ni^{2+}$ 的胶核表面此时起了与金属镍表面同样效果的自催化功能,这就使得镍的还原反应得以在胶核表

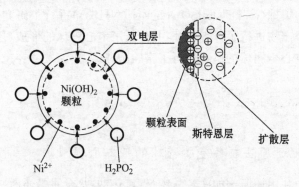

图 2-1　氢氧化镍胶核表面双电层结构示意图

面进行。

在本文所研究的自催化还原法制备空心金属球的反应中,溶液中的胶核不仅具有自催化功能,同时在空心球的制备中还起到模板的作用。同样以制备空心金属镍球为例来说明制备空心金属球的基本模型。如图2-2所示,在加热的条件下,在活性点诱发的还原反应一旦发生,吸附在胶核周围的 $H_2PO_2^-$ 迅速产生活泼的原子 H 将胶核表面的 $Ni^{2+}$ 还原成金属镍,沉积在胶核表面。这些最初还原出来的镍由于催化活性点分布不均匀,在胶核表面形成多孔的网状结构,同时胶核内外的物质可以通过"镍网"之间的空隙进行交换。图 2-2 中的第一步即表示了这一过程。对于壳层内的 $Ni(OH)_2$ 胶核存在一个可逆平衡:

$$Ni(OH)_2 \longleftrightarrow Ni^{2+} + 2OH^- \tag{2-3}$$

而在整个溶液中,随着镍的不断被还原,溶液中大量的 $Ni^{2+}$ 被消耗,同时由还原反应式(2-1)和(2-2)可知,在镍被还原的同时还将生成大量 $H^+$。这样溶液中的 $H^+$ 和壳层内的 $Ni^{2+}$ 通过壳层的孔隙进行交换,使得可逆反应式(2-3)的平衡被打破,促使反应朝右移动,这样就使得包覆在镍壳内的 $Ni(OH)_2$ 胶核溶解变小。

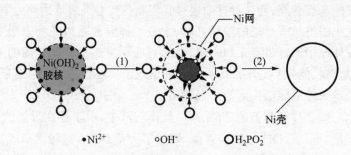

图 2-2　自催化还原法制备超细空心镍球的示意图

在随后的过程中,随着反应的进行,新生成的镍不断地在镍网上沉积,同时壳内的 Ni(OH)$_2$ 胶核逐渐溶解变小。当镍网上的空隙被沉积下来的镍逐渐填满,最终形成完整的、致密的球壳时,镍壳内外的物质交换也随之中止。这一过程如图 2-2 中的第二步所示。

在反应过程中,当镍球球壳完全封闭时,如果其中的胶核已经完全分解,则所得镍球为完全空心结构;如果其中的胶核来不及完全分解,则被包覆在镍球内部,形成部分空心的球体,这种镍球通过氢气还原可以去除其中的氢氧化镍杂质。

从以上所分析的机理可知,自催化还原法制备超细空心金属球的特点在于利用表面具有自催化功能,且能自分解的胶核作为模板,通过较为简单的工艺可制备出空心结构的金属球,而通过设计工艺制备包覆有内核的空心球也可以带来新的应用。同时本章在后面的实验部分也通过空心镍球的制备来验证该方法的可行性。

### 2.2.2 空心镍球的制备

在利用自催化法制备如镍粉、Ni-Co 和 Ni-Fe$_3$O$_4$ 等磁性空心粉过程中(如图 2-3 所示),参与反应的主要原料分为三类,即主盐、碱和还原剂。对于制备不同的粉体,我们采用了相同的碱和还原剂,分别是氢氧化钠(NaOH)和次亚磷酸纳 (NaH$_2$PO$_2$),主盐的选择则是根据目标的不同而改变。在制备镍粉过程中,是以硫酸镍(NiSO$_4$)为主盐;制备 Ni-Co 复合粉时选择 NiSO$_4$ 和硫酸钴(CoSO$_4$)为主盐;NiSO$_4$ 和硫酸亚铁(FeSO$_4$)则是被用来制备 Ni-Fe$_3$O$_4$ 复合粉。整个制备过程大体可以分为三步:第一步,获得胶体。在特定温度水浴中,主盐溶液和碱溶液预热一定时间后,通过快速搅拌将两者均匀混合,主盐离子(如 Ni$^{2+}$、Co$^{2+}$ 和 Fe$^{2+}$)与 OH$^-$ 离子结合形成胶体粒子,加入适量的稳定剂,防止胶体分解;第二步,获得空

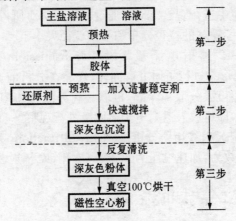

图 2-3  磁性空心粉的制备工艺示意图

心粉体。将经过预热的还原剂溶液加入到胶体溶液中,继续快速搅拌,若干分钟的孕育后,开始反应过程,过程中伴随着大量气泡,经过一段时间后,气泡消失,反应结束,停止搅拌,烧杯底部有深灰色沉淀出现;第三步,清洗烘干。用 $NH_3 \cdot H_2O$ 或稀 HCl 和去离子水反复清洗沉淀,将未反应离子去除,得到深灰色粉体,最后,将粉体 100℃ 真空中烘干,即得到磁性空心粉。

下面以空心镍粉的制备为例说明磁性空心粉制备的过程。先分别称取一定量的硫酸镍($NiSO_4 \cdot 6H_2O$,分析纯,上海试剂一厂)、次磷酸钠($NaH_2PO_2 \cdot H_2O$,分析纯,上海化学试剂有限公司)和氢氧化钠(NaOH,分析纯,上海信科化学试剂公司)于烧杯中,加入去离子水充分溶解。将三种配好的溶液在 90℃ 的恒温水浴槽中加热 5min 后,将 NaOH 溶液倒入 $NiSO_4$ 溶液中,剧烈搅拌,转速控制在800 r/min左右,得到均匀的 $Ni(OH)_2$ 胶体,并加入几滴稳定剂使胶体溶液保持稳定。然后将 $NaH_2PO_2$ 溶液倒入已生成的胶体中,继续在 90℃ 的恒温水浴槽中保持恒温并均匀搅拌,转速控制在 500 r/min 左右,随后反应开始发生,大量气泡冒出,溶液开始变黑,大量黑色沉淀生成。最终溶液中无气泡冒出,反应停止。将所得的黑色沉淀用氨水、去离子水反复洗涤二、三次,去除残余的 $Ni(OH)_2$ 和溶液中的 $Ni^{2+}$ 离子,然后置于 100℃ 的真空干燥箱中 2 h 后,便得到球形的空心镍粉。

### 2.2.3　分析测试方法

采用 Hitachi S-520 型扫描电子显微镜(SEM)和 Philips Sirion 200 场发射扫描电子显微镜(Field Emission Scanning Electron Microscopy, FESEM)对所得的镍球进行了形貌分析。在进行形貌观察前,需对样品进行预处理,先取少量样品置于丙酮中用超声波分散 10 min,再用滴管移取一滴分散有样品的丙酮溶液滴在硅片基底上,待丙酮蒸发后,在表面再蒸镀一层 Au,蒸金时间控制在 5 min 左右,即可放入扫描电子显微镜中进行观察。同时通过分形方法对所得电镜照片中的镍球粒径进行了分析,考察了镍球的粒径分布和平均粒径大小。

用 Philips CM-12 透射电子显微镜(Transmission Electron Microscopy, TEM)对镍球的微观形态进行了研究。同样,样品在分析前也须经预处理,先将样品在丙酮溶液中用超声波分散 10 min,再取一滴分散好的溶液滴在碳膜支撑的铜网上,待丙酮蒸发后,即可放入透射电子显微镜进行观察。

用 D/Max-γB 型 X 射线衍射分析仪(X-ray diffraction, XRD)对所得粉末进行物相分析,分析的参数为:加速电压为 40 kV,Cu 靶,$K_\alpha$ 辐射。

## 2.3　超细空心镍球的表征

首先在扫描电镜下对所制备产物的形貌进行了观察,从图 2-4(a)可以看出,图中的颗粒具有明显的球形结构,球的粒径为微米级,同时部分镍球表面有破壳的现象出现,而在较高的放大倍数下观察,可以看到明显的壳层结构(图 2-4(b))。将微米镍球在场发射扫描电镜下观察,在图 2-4(c)中可以看到中央的球有一明显的空腔结构;而在图 2-4(d)中的球经挤压变形后,也表现出明显的空心特征。

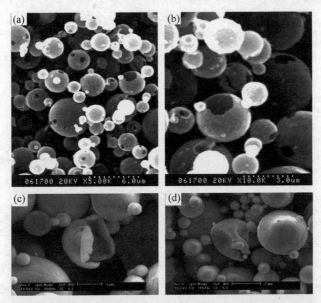

图 2-4  (a)和(b)为微米空心镍球 SEM 照片;(c)和(d)为经挤压后镍球的 FESEM 照片

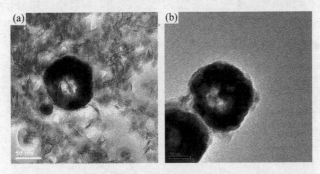

图 2-5  (a)和(b)为纳米空心镍球经氢气还原后的 TEM 照片

将制备的纳米球进行氢气还原热处理后在透射电镜下观察(图 2-5(a),(b)),在照片中纳米球呈现出环状的特征,中间部分呈透明状,这也说明经氢气还原后的纳米球也为空心结构,同时从照片中还可以看出,纳米空心球的壳层厚度约为 20 nm。

对不同粒径的空心球样品进行了成分测定,结果表明,样品中的主要成分为

Ni,同时产物中也含有少量的元素 P(表 2-1)。在实验中所用的反应是利用 $NH_2PO_2$ 还原镍离子得到的,在 Ni 生成的同时也会有少量 P 析出,这个反应已在化学镀镍工业中得到了广泛应用,样品中的 P 含量也与在碱性化学镀镍溶液中获得的中、低磷镀层中 P 含量的质量分数为 3%~9%(3~9wt%)[22] 基本一致。

表 2-1　不同粒径空心镍球的成分

| 样品编号 | 1 | 2 | 3 | 4 | 5 |
|---|---|---|---|---|---|
| 平均粒径/nm | 2480 | 1560 | 850 | 460 | 80 |
| 产物 P 含量/(wt%)ICP | 7.877 | 5.375 | 4.521 | 4.049 | 5.125 |
| 产物 Ni 含量/(wt%)滴定 | 89.96 | 91.57 | 84.28 | 78.07 | 72.12 |

从表 2-1 还可以发现,当空心镍球平均粒径在微米级时,镍球的成分基本上是由 Ni 和少量 P 组成,两者的总量接近 100%;而随着粒径的减小,镍球中 Ni 与 P 的量之和也随之不断减少,当粒径达到纳米级时,两者之和仅为 77%,这说明镍球中除了 Ni 和 P 还有其他成分的存在,这种杂质成分的影响在后面的热重分析中也得到了体现。

对表 2-1 中的样品 1,3,5 进行热重分析,其实验结果如图 2-6 所示。微米镍球(1 号)从加热开始到温度升至 400℃的过程中,其质量基本不发生变化;而 3 号和 5 号样品在加热到 300℃之前,其重质是不断下降的,这说明其中含有可分解的杂质。结合前面的分析可知,这些杂质应为残余的 $Ni(OH)_2$。并且随着粒径的降低,在热重分析中出现失重现象更加明显,纳米尺寸的镍球的失重最多,这与成分分析中其杂质含量最多是一致的。

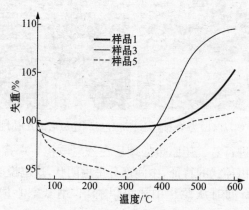

图 2-6　三种不同粒径镍球的热重曲线

图 2-7 为不同平均粒径样品的 XRD 图谱,注意到图中样品均出现了三个衍射峰,且不同样品基本在同一位置出现峰值,与具有面心立方晶体结构镍的标准 PDF 卡片(No:04-0850)进行比对,这三个峰分别对应镍晶体的(111),(200),(220)晶面。这说明所得的镍球均由镍晶粒组成。从图中还可以看出,随着镍球粒径的减小,其衍射峰出现了宽化,而纳米级镍球的衍射峰宽化更为明显,这表明随着粒径的减小,粒子产生纳米效应,衍射峰出现"馒头"峰。同时与标准卡片上镍的晶格常数 $\alpha = 0.3528$ nm 对比,由 XRD 数据计算微米镍球(样品(a))和纳米镍球(样品(e))晶格常数分别为 0.351 47 nm 和 0.351 02 nm,表明所制备镍球的晶格常数均有不同程度的减小。

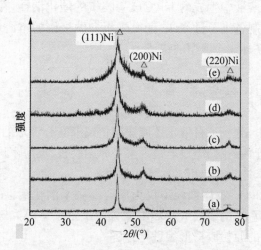

图 2-7 不同粒径空心镍球的 XRD 谱

(a) 2.4μm; (b) 1.5μm; (c) 0.8μm; (d) 0.4μm; (e) 80nm

图 2-8 为 NaOH 浓度为 0.395 mol/L 时所制备的镍球在 400℃下进行 $H_2$ 还原处理 1h 后的扫描电镜照片,从图中可以看出,在某些镍球的表面出现了孔洞(图 2-8(a)),有些镍球出现了开裂现象(图 2-8(b))。由前面的分析可知,在一定工艺条件下,所制备的镍球中包覆有未分解完全的胶核,而图 2-8 中孔洞和开裂应该是在球内包覆的溶液和 $Ni(OH)_2$ 胶核在加热过程中发生分解,生成的气体从球内冲出所致;这也说明控制工艺可制备出部分空心和包覆型镍球。

同时对处理后的镍球进行成分分析发现,镍球在 $H_2$ 还原前后成分含量有所变化。在处理前镍球中的 Ni 为 82.57wt%,P 为 5.38wt%,而在还原后其 Ni 上升至91.29wt%,P 含量也稍有上升,为 6.12wt%。这说明经过 $H_2$ 还原后,镍球中残余的 $Ni(OH)_2$ 胶核分解成水挥发,并被还原成金属 Ni,使得产物中 Ni 和 P 的含量提高。

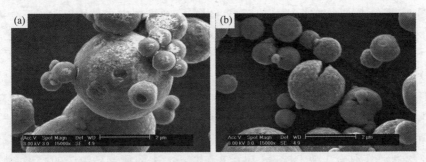

图 2-8　氢气还原后镍球的形貌

　　由上可知,利用溶液中生成的 Ni(OH)$_2$ 胶核的催化活性,在其表面发生自催化还原反应,成功地制备出了微米级、亚微米级和纳米级的空心镍球,控制工艺参数还可以得到部分空心或包覆型的镍球。

## 2.4　自催化还原法制备超细空心镍球的形成过程

　　在前面的研究中,分析了自催化还原法制备超细空心镍球的形成机理,为了验证该形成机理的合理性,我们通过电镜观察对原始胶核、反应不同时期的产物以及反应所得的最终粉末进行了分析。

　　在实验中,Ni(OH)$_2$ 胶体颗粒不仅为反应提供了催化活性表面,同时也作为空心镍球形成的模板,它的粒径大小和粒度分布决定了空心镍球的粒径和粒度分布,因此首先对生成的原始胶核形貌进行分析。

　　图 2-9 为反应前的 Ni(OH)$_2$ 胶核在场发射扫描电镜下观察到的形态。从图可以看出,大部分胶体颗粒都聚集在一起形成较大的胶核,这些胶核基本呈球型,如图 2-9(a)所示;同时在 2-9(b)图中,还可以看到有粒径较小的球型胶核存在,如箭头所示。这种胶核粒径的不均匀使得所制备的镍球粒径也有所差别。

图 2-9　反应前原始胶核的 FESEM 照片

由于 $Ni^{2+}$ 与 $H_2PO_2^-$ 的氧化还原反应需要在一定的催化活性表面的诱导下进行,通过分析认为,实验中最初生成的 $Ni(OH)_2$ 胶核作为自催化活性中心,使得最初的还原反应在其表面进行。同时也作为镍球生长的模板,对自催化还原反应速率和反应进程有着重要影响,而它的大小和形态也直接影响着反应所得镍球的大小和形态。

为了研究空心镍球的形成过程,在实验中还对不同反应时期的粉体进行了形貌观察,考察它们在不同反应过程中的变化。

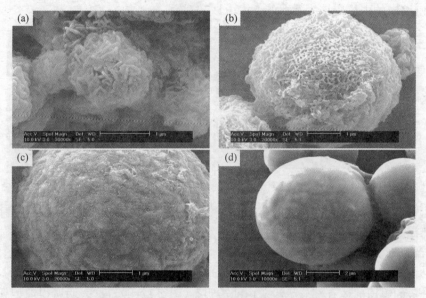

图 2-10 反应不同时间所得微米镍球的形貌
(a) 反应 1 min;(b) 反应 2 min;(c) 反应 3 min;(d) 反应完成

图 2-10 所示为利用自催化还原反应制备的微米镍球在不同反应时期的 FESEM 照片,图 2-10(a)为反应 1 min 后所得产物的形貌,可以看到,产物的球形结构不明显,在图片中央的球形物表面可以看到有孔隙存在,并且覆盖有大量短的棒状物,这些棒状物可能是在制备电镜样品时球内的物质溶出所形成的结晶,这也说明此时的球壳为一不封闭的开放式结构。随着反应进行到 2 min,产物已经初步形成了球体,此时的球壳仍为一层多孔结构,球体表面有为数众多细小的孔隙存在 (图 2-10(b)),不过相对于图 2-10(a)而言,此时的孔隙已明显变小,说明反应还原出来的镍在球体表面不断沉积,使孔隙逐渐变小。反应进行到 3 min 后,镍球表面的孔隙已被沉积的镍完全填满,并生长成为一个致密的球体(图 2-10(c)),但表面比较粗糙。当反应结束时,得到了完整的镍球,球体表面变得相当光滑,如图 2-10(d)

所示。

将图 2-10(d)中所得的镍球用稀硝酸浸泡 5 min 后在场发射扫描电镜下进行观察。通过一层透明的外壳可以看到里面包有一个直径约 80 nm 的小核(图 2-11 (a)),而在图 2-11(b)中,可以看到其中包有两个内核。由于镍溶于硝酸,因此图 2-10(d)中镍球的镍壳层在稀硝酸浸泡过程中溶解,并有一层薄的镍膜残留,在用场发射扫描电镜观察时呈透明状,因此可以观察到空心镍球空腔内部的情况。对比图 2-11(a)中残余内核与外壳的尺寸差异,结合前面形成过程的分析,可以认为,空腔中的内核应该为残留的 $Ni(OH)_2$ 胶核。

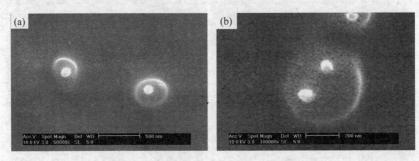

图 2-11　经过稀硝酸浸泡 5 min 后的镍球形貌

镍球壳层的生长过程同时也启发我们,通过控制某些工艺参数,如溶液浓度、加热温度、反应时间等,可以得到具有特定表面形态(如壳层致密或是不致密的)的空心镍球。

同样将反应不同时间所得的纳米镍球在透射电镜下进行观察,可以看到,反应仅 30 s 的镍球球体有部分呈浅灰色的透明态(图 2-12(a)),这表明所得球型粉末的壳层是不连续、不致密的,球体还没有完全形成。图 2-12(b)为反应 30 s 的镍球在更高放大倍数下的透射电镜照片,从图中可以看出壳层的边缘有浅灰色的透明部分,说明镍球为不完整的球体。对反应完全结束后的镍球进行观察,发现所得的产物为不透明的深黑色球体(图 2-12(c)),说明此时镍球已形成完整的球体。这与微米级镍球的生长过程基本相同,首先是在胶核表面生成不完整的球壳,之后沉积的镍逐步填充到球壳的孔隙中,最后形成致密的球壳。

通过观察不同反应时期所得微米镍球和纳米镍球的形貌,验证了前面所提出的自催化还原法制备空心镍球的形成机理,同时也证明了前述模型的合理性,说明通过这种方法可以制备出具有空心结构的金属球。

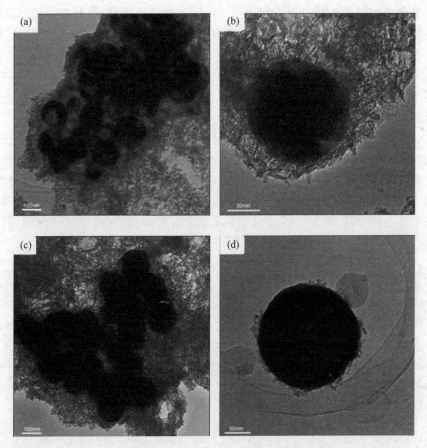

图 2-12　(a)和(c)分别为反应 30s 和反应完成时所得纳米镍球的 TEM 照片；
(b)和(d)分别为这两种镍球放大后的照片

## 2.5　本章小结

　　本章对自催化还原法制备空心金属球的形成机理进行了分析,并通过对所制备的空心镍球进行表征及不同反应时期所得镍球形貌的分析,对自催化还原法制备空心金属球的形成机理进行了验证,主要有如下结论:

　　(1)提出了一种利用自催化还原反应制备空心金属球的方法。对利用该法制备的镍粉进行扫描电镜和透射电镜分析表明,所得微米镍球和纳米镍球均具有明显的空心结构,证明通过自催化还原法能够制备出具有空心结构的金属球。

　　(2)通过分析表明,在溶液中最初形成的胶核有着重要作用。胶核表面由于聚集了大量 Ni$^{2+}$ 使它成为催化活性中心,具有自催化功能,为最初还原反应的发生提供了动力学的条件;同时胶核也是镍球形成的模板,金属镍被还原出来后,在胶核表面沉积,最终形成完整的镍球。

(3)建立了自催化还原反应法制备空心镍球的基本模型。通过对原始胶核、不同反应时期所得产物以及反应所得的最终粉末进行形貌分析,验证了空心镍球形成的合理性。

(4)通过分析认为,最初在胶核表面还原出来的镍形成一层多孔的网状壳层结构,壳层布满了大量孔隙,同时溶液中的 H$^+$ 和壳层内的 Ni$^{2+}$ 通过壳层的孔隙进行交换,使得包覆在镍壳内的 Ni(OH)$_2$ 胶核不断溶解变小。随着反应的进行,最终可形成致密的镍壳。如果此时壳内的 Ni(OH)$_2$ 胶核已经完全分解,则所得镍球为完全空心结构;如果其中的胶核来不及完全分解,则被包覆在镍球内部,形成部分空心的球体,这种镍球通过氢气还原可以去除其中的氢氧化镍杂质。

# 参考文献

[1] Caruso F., Shi X. Y., Caruso R. A., et al. Hollow titania spheres from layered precursor deposition on sacrificial colloidal core[J]. Adv. Mater., 2001, 13(10): 740-744.

[2] Moya S., Sukhorukov G. B., Auch M., et al. Microencapsulation of organic solvents in polyelectrolye multilayer micrometer sized shells[J]. J. Colloid Interface Sci., 1999, 216: 297-302.

[3] Caruso F., Trau D., Mohwald H., et al. Enzyme encapsulation in layer-by-layer engineered polymer multilayer capsules[J]. Langmuir, 2000, 16: 1485-1488.

[4] Mathiowitz E., Jacob J. S., Jong Y. S., et al. Biologically erodible microspheres as potential oral drug delivery systems[J]. Nature, 1997, 386: 410-413.

[5] 李报厚,张登君,张冠东等. 氧化钇和氧化铈稳定氧化锆空心球形陶瓷粉末的研制,功能材料[J]. 1997, 28(5): 518-521.

[6] Schmidt H. T., Ostafin A. E. Liposome directed growth of calcium phosphate nanoshells [J]. Adv. Mater., 2002, 14(7): 532-535.

[7] Brusinsma P. J., Kim A. Y., Liu J., et al. Mesoporous silica synthesized by solvent evaporation: spun fibers and spray-dried hollow spheres[J]. Chem. Mater., 1997, 9(11): 2507.

[8] Chen Z., Zhan P., Wang Z., et al. Two-and three-dimensional ordered structures of hollow silver spheres prepared by colloidal crystal templating[J]. Adv. Mater., 2004, 16 (5): 417-422.

[9] Ahmadi T. S., Wang Z. L., Green T. C., et al. Shape-controlled synthesis of colloidal platinum nanoparticles[J]. Science, 1996, 272: 1924-1925.

[10] Hu Y., Chen J., Chen W., et al. Synthesis of novel nickel sulfide submicrometer hollow spheres[J]. Adv. Mater.. 2003, 15(9): 726-729.

[11] Wang X., Li Y. Fullerene-like Rare-Earth nanoparticles[J]. Angew. Chem. Int. Ed., 2003, 42(30): 3497-3500.

[12] Sun Y., Mayers B., Xia Y., Metal nanostructures with hollow interiors[J]. Adv. Mater., 2003, 15(7-8): 641-646.

[13] Sun Y., Xia Y. Shape-Controlled Synthesis of Gold and Silver Nanoparticles[J]. Science, 2002, 298: 2176-2179.

[14] Znang D., Qi L., Ma J., et al. Synthesis of submicrometer-sized hollow silver spheres in mixed polymer-surfactant solutions[J]. Adv. Mater., 2002, 14(20): 1499-1502.

[15] Kim S-W., Kim M., Lee W. Y., et al. Fabrication of hollow palladium spheres and their successful application to the recyclable heterogeneous catalyst for suzuki coupling reactions [J]. J. Am. Chem. Soc., 2002, 124(26): 7642-7643.

[16] Kawahash N., Shiho H. Copper and copper compounds as coatings on polystyrene particles and as hollow spheres[J]. J. Mater. Chem., 2000, 10(10): 2294-2297.

[17] Bao J., Liang Y., Xu Z., et al. Facile synthesis of hollow nickel submicrometer spheres [J]. Adv. Mater., 2003, 15(21): 1832-1835.

[18] Liu Q., Liu H., Han M., et al. Nanometer-sized nickel hollow spheres[J]. Adv. Mater., 2005, 17(16): 1995-1999.

[19] Deng Y., Zhao L., Liu X., et al. Submicrometer-sized hollow nickel spheres synthesized by autocatalytic reduction[J]. Mater. Res. Bull., 2005, 40(10): 1864-1870.

[20] 姜晓霞，沈伟. 化学镀理论与实践[M]. 北京:国防工业出版社,2000.

[21] Shaw, D. J.张中路等译,胶体与表面化学导论[M]. 北京:化学工业出版社,1989.

[22] 高加强. 纳米粒子改性化学镀 Ni-P 合金的晶化行为研究[D]. 上海:上海交通大学博士学位论文,2005.

# 3　自催化还原法制备超细
## 空心镍球的工艺研究

## 3.1　引言

　　超细金属或合金粉末,特别是过渡族金属及其合金粉末,由于它们具有一些独特的化学、物理性能,并在相关领域表现出极大的应用前景,而引起研究者的广泛关注,如具有高效催化能力的超细 Ni、Co 粉[1-3]、Ni-P 和 Ni-B 合金粉末[4],在电磁领域可望得到应用的 Fe-B 和 Co-B 合金粉[5]等。随着人们对这些超细金属粒子性能研究的深入,相关的制备方法研究工作也得到了研究者的重视。

　　利用化学还原法制备超细金属或合金粉末,特别是过渡族金属及其合金粉末,是目前研究得较多的方法[6-21]。与其他方法相比,通过化学还原法制备出的粉末粒径均匀,分散性好,并且能得到纳米级的粉体。由于还原反应通常在水溶液中进行,反应温度远低于金属熔点,因而能得到非晶态和纳米晶的金属粉末,而这些非晶态或纳米晶的颗粒在应用中往往能带来新的性能。同时,化学还原法还有工艺简单,过程可控,生产成本低廉的特点。

　　在反应过程中,工艺参数对最终产物的粒径、形态以及成分的影响至关重要。Shen 等[8,14,16,19]对化学还原法制备 Ni-P、Ni-B 等超细合金粉末的主要工艺参数进行了较深入的研究,认为 pH 值、反应物摩尔比、溶液浓度以及反应物的混合方式等对产物有较大的影响。而自催化还原法制备超细空心镍粉同样是在水溶液中利用还原剂对金属 $Ni^{2+}$ 离子进行还原,因此对工艺参数的研究也十分重要。本章对反应中工艺条件进行了研究,考察了有关因素对自催化还原反应的影响;同时在一定的工艺条件下,研究了相关参数对产物粒径以及分布情况的影响;并考察了后处理工艺对产物形貌的影响。

## 3.2　影响自催化还原反应的工艺条件

　　在水溶液中利用 $NaH_2PO_2$ 还原出金属镍,这一反应早已在化学镀镍工艺中得到应用。在化学镀镍中发生的还原反应通常需要在活性表面的催化作用下进行,而在本实验中的还原反应是在溶液中生成的 $Ni(OH)_2$ 胶核表面进行的,因此首先对这一还原反应进行了动力学的分析,并研究了有关工艺参数对自催化还原反应的影响。

### 3.2.1 自催化还原反应的动力学分析

研究表明,在水溶液中发生的 $Ni^{2+}$ 和 $H_2PO_2^-$ 的还原反应是典型的自催化反应[16]。在本实验的研究中发现,该反应的动力学曲线具有明显的"S"形特征,如图 3-1 所示,图中 m 为反应到 t 时刻所生成的镍粉质量。反应的初期,由于溶液中的活性点极少,反应很慢,甚至表现出不反应的特征,这一阶段可以看作是一个反应孕育期;由于在活性点上还原出来的金属镍具有自催化功能,随着反应的进行,生成的 Ni 不断增加,反应迅速进行,这是一个反应爆炸期;当溶液中反应物浓度降低至一定时,反应又变慢,直至终止,为反应完成期。

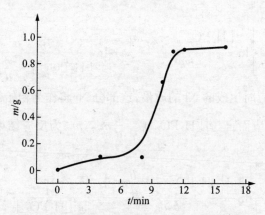

图 3-1  自催化还原反应的动力学曲线示意图

沈俭等人[14,16]的研究认为,$Ni^{2+}$ 和 $H_2PO_2^-$ 的还原反应是由两个半反应组成,由此可以得出溶液中的主要反应:

$$Ni^{2+} + H_2PO_2^- \longrightarrow H_2PO_3^- + 2H^+ + Ni\downarrow \tag{3-1}$$

$$H_2PO_2^- + H_2O \longrightarrow H_2PO_3^- + H_2\uparrow \tag{3-2}$$

$$3H_2PO_2^- \longrightarrow H_2PO_3^- + H_2O + 2OH^- + 2P\downarrow \tag{3-3}$$

上述三式可以合并成一个总反应式:

$$aNi^{2+} + bH_2PO_2^- + cOH^- \longrightarrow dNi + eH_2PO_3^- + fH_2 + gP + \cdots \tag{3-4}$$

由总反应式可以得出反应的速率方程

$$r = \frac{dm}{dt} = k[Ni^{2+}]^\alpha [H_2PO_2^-]^\beta + k'[Ni^{2+}]^\alpha [H_2PO_2^-]^\beta m^\gamma \tag{3-5}$$

式中 r 为反应速率;m 为反应到 t 时生成的镍的质量;$[Ni^{2+}]$ 和 $[H_2PO_2^-]$ 分别为 $Ni^{2+}$ 和 $H_2PO_2^-$ 在 t 时的摩尔浓度;指 $\alpha, \beta, \gamma$ 分别为对 $Ni^{2+}$、$H_2PO_2^-$ 和 m 的反应

分级数,有研究认为[16],$\alpha=0$,$\beta=1$,$\gamma=1$;式中 $k$ 为非催化反应速率常数,当溶液中没有催化剂时,该反应在 90℃ 以下不会发生,故有 $k=0$;$k'$ 为催化反应速率常数。则式(3-5)可简化为

$$r = \frac{\mathrm{d}m}{\mathrm{d}t} = k'[\mathrm{H_2PO_2^-}]m \tag{3-6}$$

而由反应方程式有

$$[\mathrm{H_2PO_2^-}] = [\mathrm{H_2PO_2^-}]_0 - \frac{b}{d}m \tag{3-7}$$

式中 $[\mathrm{H_2PO_2^-}]_0$ 为 $\mathrm{H_2PO_2^-}$ 的初始浓度。式(3-6)可表示为

$$\frac{\mathrm{d}m}{m\left\{[\mathrm{H_2PO_2^-}]_0 - \dfrac{b}{d}m\right\}} = k'\mathrm{d}t \tag{3-8}$$

积分得

$$\frac{1}{[\mathrm{H_2PO_2^-}]_0}\left\{\ln\frac{[\mathrm{H_2PO_2^-}]_0 - \dfrac{b}{d}m_0}{m_0} + \ln\frac{m}{[\mathrm{H_2PO_2^-}]_0 - \dfrac{b}{d}m}\right\} = k't \tag{3-9}$$

式中 $m_0$ 为最初反应时生成的 Ni 的质量,这部分 Ni 将作为初始催化剂使反应继续进行。对于整个反应而言,有 $[\mathrm{H_2PO_2^-}]_0 = \dfrac{b}{d}m_\infty$,$m_\infty$ 为反应结束时所得的镍粉的质量,上式可写成

$$t = \frac{1}{k'[\mathrm{H_2PO_2^-}]_0}\ln\frac{\mathrm{d}\left\{[\mathrm{H_2PO_2^-}]_0 - \dfrac{b}{d}m_0\right\}}{bm_0} + \frac{1}{k'[\mathrm{H_2PO_2^-}]_0}\ln\frac{m}{m_\infty - m} \tag{3-10}$$

由上式可知,若以反应时间 $t$ 对 $\ln\dfrac{m}{m_\infty - m}$ 作图,应得到一条直线,从这条直线的斜率可以求出式(3-4)反应的速率常数 $k'$,而这是与温度密切相关的常数。

当 $m = \dfrac{1}{2}m_\infty$,即反应进行到一半时,可得反应的半衰期:

$$t_{1/2} = \frac{1}{k'[\mathrm{H_2PO_2^-}]_0}\ln\frac{\mathrm{d}\left\{[\mathrm{H_2PO_2^-}]_0 - \dfrac{b}{d}m_0\right\}}{bm_0} \tag{3-11}$$

由于反应开始时 $[\mathrm{H_2PO_2^-}]_0 \gg \dfrac{b}{d}m_0$,故有

$$t_{1/2} = \frac{1}{k'[\mathrm{H_2PO_2^-}]_0}\ln\frac{\mathrm{d}[\mathrm{H_2PO_2^-}]_0}{bm_0} \tag{3-12}$$

由上式可知,当 $[\mathrm{H_2PO_2^-}]_0$,$m_0$ 一定时,$k'$ 增大,$t_{1/2}$ 减小,即反应速率加快。将式(3-12)分别对 $[\mathrm{H_2PO_2^-}]_0$、$m_0$ 微分可得:

$$\left[\frac{\partial t_{1/2}}{\partial[H_2PO_2^-]_0}\right]_{m_0,k'} = \frac{1}{k'[H_2PO_2^-]_0^2}\left\{1-\ln\frac{d[H_2PO_2^-]_0}{bm_0}\right\}<0 \quad (3\text{-}13)$$

$$\left[\frac{\partial t_{1/2}}{\partial m_0}\right]_{[H_2PO_2^-]_0,k'} = -\frac{1}{k'[H_2PO_2^-]_0 m_0}<0 \quad (3\text{-}14)$$

可见,当温度和 $m_0$ 一定,或者温度和 $[H_2PO_2^-]_0$ 一定时,随着初始 $H_2PO_2^-$ 浓度或初始催化剂量的增加,反应的半衰期减小,反应速率加快。

由以上分析可以看出,对反应速率起重要作用的因素主要有反应温度、初始 $H_2PO_2^-$ 浓度,以及初始催化剂的量,考虑到初始催化剂的生成与溶液中胶核数目的多少有直接关系,因此在分析初始催化剂的量的影响时可以间接地用反应物中 NaOH 的浓度来衡量,即在我们所研究的自催化还原反应中,反应速率主要与反应温度、初始 $H_2PO_2^-$ 浓度和 NaOH 浓度有关。

### 3.2.2 温度的影响

从式(3-10)可知,反应速率常数 $k'$ 对自催化还原的反应速率有重要影响,即当 $k'$ 增大时,反应速率加快,而 $k'$ 是一个与温度密切相关的常数。在实验中,我们通过以反应时间 $t$ 对 $\ln\frac{m}{m_\infty-m}$ 作图,得出了它们之间的关系,如图3-2所示。

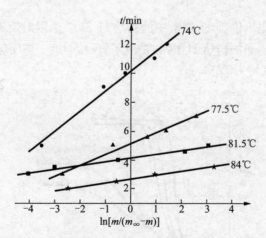

图 3-2  不同温度下反应时间 $t$ 与 $\ln\dfrac{m}{m_\infty-m}$ 的关系

由图可以看出,实验所得数据为线性关系,与式(3-10)的表述相吻合,说明前面的推导和式(3-10)是合理的。同时由式(3-10)可知,直线的斜率即为 $\dfrac{1}{k'[H_2PO_2^-]_0}$,当斜率越小时,反应的速率常数 $k'$ 越大。图中,当温度升高时,直线的斜率变小,说明 $k'$ 值变大,反应加快。同时注意到,当溶液中温度由81.5℃升至

84℃时,直线的斜率无明显变化,甚至有增大的趋势,这说明当反应温度升至一定程度时,$k'$ 值变化不大,其对反应速率的贡献减小,因此在反应中,我们把反应温度控制在 81℃左右即可以使反应速率达到较高水平,同时也在一定程度上降低了能耗。

另外,通过图 3-2 中直线斜率求出的不同温度下的反应速率常数 $k'$ 值列于表3-1 中,利用该值和阿仑尼乌斯公式:

$$E_a = RT^2 \frac{\mathrm{d}\ln k'}{\mathrm{d}T} \tag{3-15}$$

可以求得反应的活化能约为 166 kJ·mol$^{-1}$。

**表 3-1  不同温度下所求得的反应速率常数值**

| T/K | 1/T/K$^{-1}$ | $k'$/dm$^3$·mol$^{-1}$·min$^{-1}$ | ln $k'$ |
| --- | --- | --- | --- |
| 347.2 | 2.88×10$^{-3}$ | 1.46 | 0.38 |
| 350.7 | 2.85×10$^{-3}$ | 2.77 | 1.02 |
| 354.7 | 2.82×10$^{-3}$ | 7.98 | 2.08 |
| 357.2 | 2.80×10$^{-3}$ | 7.56 | 2.02 |

### 3.2.3  NaH$_2$PO$_2$ 的影响

从式(3-10)中也可以看出,溶液中的初始 H$_2$PO$_2^-$ 浓度对反应速率也起到了重要作用。图 3-2 为不同的初始 H$_2$PO$_2^-$ 浓度下,反应时间 $t$ 与反应所得镍的质量 $m$ 的关系图,反应温度均为 77℃。

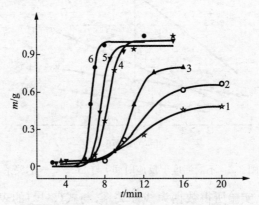

图 3-3  不同次磷酸钠浓度下的动力学曲线

1—0.2 mol/L; 2—0.3 mol/L; 3—0.4 mol/L; 4—0.5 mol/L; 5—0.6 mol/L; 6—0.7 mol/L

从图中可知,随着反应中初始 H$_2$PO$_2^-$ 浓度的增加,反应时间缩短,由 H$_2$PO$_2^-$ 浓度为 0.2 mol/L 时的 20 min 左右减少至 0.7 mol/L 时的 12 min 左右,这与式

(3-10)一致,同时还可以看出,增加初始 $H_2PO_2^-$ 的浓度使得反应的孕育期由 0.2 mol/L 时的 8 min 左右减少至 0.7 mol/L 时的 6 min 左右,这说明初始 $H_2PO_2^-$ 浓度对反应速率的影响是较为显著的,而对反应的孕育期影响不大。

另外,从图 3-3 还可以发现,随着初始 $H_2PO_2^-$ 浓度的增加,反应结束时产物的量随之增加,但当达到一定浓度时,再继续提高 $H_2PO_2^-$ 浓度,最终产物的质量基本保持不变。图中,当 $H_2PO_2^-$ 浓度达到 0.5 mol/L 后,也就是 $Ni^{2+}$ 与 $H_2PO_2^-$ 之比为 1∶2 时,增加 $H_2PO_2^-$ 浓度,所得镍球的质量不再增加,这时在反应过程中会放出更多的气泡,表明反应中生成的 $H_2$ 增加。这说明随着 $H_2PO_2^-$ 浓度的增加,溶液中大部分 $Ni^{2+}$ 被还原,当溶液中 $Ni^{2+}$ 基本被完全还原时,产物的质量也就不再增加,而增加的 $H_2PO_2^-$ 在催化作用下继续反应,生成大量 $H_2$ 冒出。

### 3.2.4　NaOH 的影响

在式(3-10)中,考虑到了初始催化剂对反应速率的影响,即最初生成的起到自催化作用的 Ni 的量对反应速率的影响。在本实验研究的自催化反应中,初始催化剂生成的量与溶液中胶核数目的多少密切相关,而溶液中胶核的多少是由反应物中 NaOH 浓度所决定的,因此在实验中,考察了不同 NaOH 浓度对反应的影响。

图 3-4 表示在相同温度(77℃)不同 NaOH 浓度下反应时间 $t$ 与 $\ln\dfrac{m}{m_\infty-m}$ 的关系。对应不同 NaOH 浓度下反应所得的直线可知,四条直线基本保持平行,即它们的斜率相等,这说明不同 NaOH 浓度下的反应速率常数 $k'$ 值相同,即反应速率常数与 NaOH 浓度无关。

从式(3-10)中还可以看出,以反应时间 $t$ 对 $\ln\dfrac{m}{m_\infty-m}$ 作图,图中直线的截距 $p$ 可以由下式表示:

$$p=\frac{d\left\{[H_2PO_2^-]_0-\dfrac{b}{d}m_0\right\}}{bm_0} \tag{3-16}$$

可见,在一定温度和初始 $H_2PO_2^-$ 浓度下,截距 $p$ 只与反应中初始催化剂的量 $m_0$ 有关,截距随着 $m_0$ 的增大而减小。从图中也可以看出,随着 NaOH 浓度的升高,所得直线的截距变小(图 3-4 中,直线 1,2,3 所示),这说明当溶液中胶核数量增加后,使反应的初始催化剂的量也在增加。当 NaOH 浓度升至 0.45 mol/L(此时 $Ni^{2+}$ 与 $OH^-$ 的配比为 1∶1.8)后,继续增加 NaOH 浓度,直线 4 的截距反而变大,这应该是在溶液是 NaOH 浓度升至 0.45 mol/L 后,溶液中大部分的 $Ni^{2+}$ 用来生成 $Ni(OH)_2$ 胶核,使得游离的 $Ni^{2+}$ 减少,从而在最开始的还原过程中生成的镍即初始催化剂的量也减少所致。

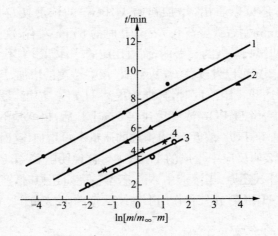

图 3-4  不同 NaOH 浓度下反应时间 $t$ 与 $\ln\dfrac{m}{m_\infty-m}$ 的关系

1—0.395 mol/L；2—0.42 mol/L；3—0.45 mol/L；4—0.48 mol/L

通过以上分析和实验结果表明,对自催化还原反应速率起重要影响的是上述三个因素。同时,在实验中我们还发现,其他因素如搅拌速度等对反应速率和反应过程也有一定的影响。实验结果表明,搅拌速度控制在 500 r/min 较为理想,搅拌速度过快,使得胶团结构不稳定,胶核表面不能对离子形成有效的吸附;速度较慢时,胶核容易发生团聚,同样不利于反应的发生。

## 3.3  工艺参数对空心镍球的影响

研究表明,反应物浓度如 $H_2PO_2^-$ 和 NaOH 浓度等,不仅对自催化还原反应速率和反应进程有着重要影响,而且,它们对反应的最终产物—空心镍球的表面形貌、粒径大小以及成分也起着至关重要的作用。Shen 等[11,19]对化学还原法制备 Ni-P、Ni-B 等超细合金粉末的主要工艺参数进行了较深入的研究,认为 pH 值、反应物摩尔比、溶液浓度以及反应物的混合方式等对产物有较大的影响。而自催化还原法制备超细空心镍粉同样是在水溶液中利用还原剂对金属 $Ni^{2+}$ 离子进行还原,因此对工艺参数的研究也十分重要,如反应物 NaOH、$NaH_2PO_2$ 和 $NiSO_4$ 浓度等,在实验过程中发现,它们对反应最终产物的表面形貌、粒径大小以及成分有着重要的影响。

### 3.3.1  NaOH 浓度的影响

由于本实验利用 $Ni(OH)_2$ 胶核来诱导还原反应的发生,而 NaOH 浓度对

Ni(OH)$_2$胶核的生成有重要影响,因此首先考察了其对反应产物的粒度、成分和形貌的关系。图 3-5 为不同 NaOH 浓度下所得镍球的粒径分布图,可以看出,随着反应物中 NaOH 浓度的增加,反应所得镍球的粒径变小,同时粒径分布也趋向均匀。当反应物中 NaOH 浓度为 0.375 mol/L 时,反应生成的空心镍球平均粒径约为 2.6 μm,粒径分布较宽,从粒度分析中可以看出,颗粒尺寸从 600 nm 至 5.3 μm 均有存在;当 NaOH 浓度升到 0.395 mol/L 时,镍球的平均粒径减小为 1.4 μm,并且粒径分布也变窄,颗粒尺寸分布在 350 nm 至 3.8 μm 间;当 NaOH 浓度为 0.42 mol/L 时,颗粒的平均尺寸进一步减小到 200 nm 左右,粒径分布变得相当窄,62% 的颗粒粒径集中在 200 nm 左右;当 NaOH 浓度为 0.45 mol/L(即 Ni$^{2+}$ 与 OH$^-$ 的配比为 1∶1.8)时,从图 3-6(d)的电镜照片中可以看出,颗粒尺寸为纳米级,约为 80 nm,同时团聚比较严重,通过粒度分析所得的结果不能反应颗粒本身的实际大小,因此未在图 3-5 中列出。

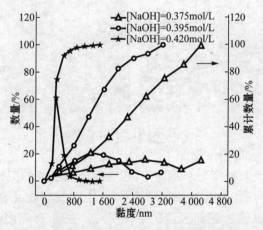

图 3-5 不同 NaOH 浓度下空心镍球的粒度分布

在图 3-6 的照片也可以明显看到,随着 NaOH 浓度的升高,所制备的镍球粒径不断减小,当 NaOH 浓度达到 0.45 mol/L 时,可得到纳米级的镍球,但镍球之间团聚较严重。同时随着 NaOH 浓度的升高,镍球的粒度分布也趋向均匀。

从以上分析可知,NaOH 浓度对于粉末粒径的影响是相当显著的。在实验中镍的还原反应是由 Ni(OH)$_2$ 胶核诱导发生的,而溶液中生成的胶核数目与 NaOH 浓度密切相关。在 NaOH 浓度较低的情况下,由于生成的 Ni(OH)$_2$ 胶核数量较少,导致发生自催化还原反应的活性表面减少,使得反应的孕育期大大延长,这在表 3-2 中也可以看出,在 NaOH 浓度为 0.35 mol/L 时,反应孕育期为 10 min 左右。这种较长时间的反应孕育期使得自催化还原反应不仅进行得慢,而且变得平缓,剧烈度大大减弱,此时溶液中的 Ni(OH)$_2$ 胶核有充分的时间长大,在反应发生时溶

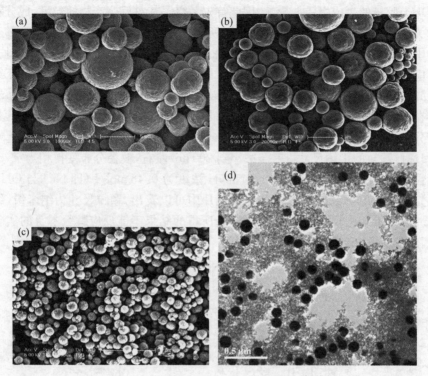

图 3-6 不同 NaOH 浓度下镍球的形貌

(a) 0.375 mol/L；(b) 0.395 mol/L；(c) 0.42 mol/L；(d) 0.45 mol/L

液中的胶核粒径较大且粒度分布不均匀,相应地反应生成的产物也表现出粒径大且粒度分布不均匀;而在较高 NaOH 浓度下,产生的胶核数目增多,发生自催化还原反应的活性表面也随之增加,反应的孕育期大大缩短,自催化还原反应在极短的时间内迅速完成,反应较为剧烈,溶液中的 $Ni(OH)_2$ 胶核来不及长大就被还原反应生成的镍所包覆,因此,所得的粉末的粒径小,并且粒度也较为均匀,这在图 3-6(c)和 3-6(d)中得到了充分体现。因此在进行自催化还原反应时控制反应物中的 NaOH 浓度,可以得到微米级、亚微米级和纳米级的空心镍球。

表 3-2 不同 NaOH 浓度下自催化还原反应的孕育期与所得产物的成分

| 样品编号 | 1 | 2 | 3 | 4 | 5 | 6 |
|---|---|---|---|---|---|---|
| 反应物中 NaOH 浓度/mol/L | 0.35 | 0.375 | 0.395 | 0.42 | 0.45 | 0.48 |
| 反应孕育期/min | 10.0 | 8.5 | 7.5 | 5.5 | 2.5 | 3.0 |
| 产物中 Ni 含量/wt% | 89.96 | 90.70 | 82.57 | 78.07 | 67.51 | 72.12 |
| 产物中 P 含量/wt% | 7.88 | 5.61 | 5.38 | 4.52 | 4.05 | 5.13 |

改变 NaOH 的浓度,同时对反应物的成分也有一定影响。我们对不同粒径的空心球样品进行了成分测定,结果表明,样品中的主要成分为 Ni,同时产物中也含有少量的 P(表 3-2)。在实验中所用的反应是利用 $NaH_2PO_2$ 还原 $Ni^{2+}$ 得到的,在 Ni 的生成同时也会有少量 P 析出,这个反应已在化学镀镍工业中得到了广泛应用,样品中的 P 含量也与在碱性化学镀镍溶液中获得的中、低磷镀层中 P 含量(3~9wt%)[22]基本一致。随着 NaOH 浓度的升高,镍球中 P 的含量呈现出降低的趋势,这与化学镀镍工艺中随着 pH 值升高镀层中 P 含量降低是基本一致的。同时,随着 NaOH 浓度的升高,镍球中 Ni 含量也在降低。当 NaOH 浓度升高到 0.45 mol/L 时,Ni 含量达到最低点时(67.5%),几乎与 $Ni(OH)_2$ 中的 Ni 含量相当(63.3%)。这说明在高 NaOH 浓度时制备的产物中除了 Ni、P 的存在还有其他元素。

在第 2 章对镍球的形成过程分析中提到,反应最开始时镍球为一层不完整的"镍网"所包覆,壳层内外的物质可通过该镍网而发生交换,壳层里面的 $Ni(OH)_2$ 胶核在反应中被溶解,这样就可以得到空心结构的镍球。在较低 NaOH 浓度的情况下,溶液中 $OH^-$ 离子的量少,生成胶核数目较少,对随后进行的自催化氧化还原反应也造成了一定的影响,反应相对缓慢,所需的时间较长,镍网之间的空隙被填充的速度减慢,形成致密壳层所需的时间大大延长,在反应中,$Ni(OH)_2$ 胶核被消耗掉形成完全空心的镍球;而当 NaOH 浓度较高时,溶液有大量的 $OH^-$ 离子,促使生成大量的 $Ni(OH)_2$ 胶核,使自催化氧化还原反应迅速进行,镍网很快被填充,此时 $Ni(OH)_2$ 胶核没有来得及全部消耗,有一定量的残余,使得产物的成分中 Ni 含量随反应物中 NaOH 浓度升高而不断下降。甚至出现只在表面形成极薄的一层镍壳,而里面包覆有大量的 $Ni(OH)_2$ 胶核,使得产物中 Ni 含量接近 $Ni(OH)_2$ 中的镍含量的现象。这也表明,通过控制反应物中 NaOH 浓度可以制备出空心、部分空心和包覆型的镍球。在第 2 章的分析中也指出,通过氢气还原处理也可以去除镍球内包覆的 $Ni(OH)_2$ 胶核而得到完全空心的镍球。

### 3.3.2 $NaH_2PO_2$ 浓度的影响

在实验中 $NaH_2PO_2$ 浓度对自催化还原反应速率也有着重要影响,因此,也考察了它对反应产物的影响。图 3-7 为在三种不同 $NaH_2PO_2$ 浓度下反应所得镍球的扫描电镜照片,从图中可以看出,改变 $NaH_2PO_2$ 浓度对反应产物的粒径影响不大,三种 $NaH_2PO_2$ 浓度 0.25 mol/L,0.4 mol/L 和 0.55 mol/L 所对应的反应产物的粒径分别约为 450 nm,350 nm 和 440 nm。由前述可知,空心镍球的粒径和粒度分布很大程度上取决于反应初始阶段所形成的 $Ni(OH)_2$ 胶核,而 $NaH_2PO_2$ 浓度的改变对于胶核的形成影响较小,因此,对于最终产物粒径和形貌的影响也不大。

图 3-7 不同次磷酸钠浓度反应所得的镍球的形貌

(a) 0.25 mol/L；(b) 0.4 mol/L；(c) 0.5 mol/L

**表 3-3 不同次磷酸钠浓度反应所得的镍球的成分**

| 样品编号 | 1 | 2 | 3 | 4 | 5 | 6 |
|---|---|---|---|---|---|---|
| 反应物中 $NaH_2PO_2$ 浓度/(mol/L) | 0.25 | 0.35 | 0.40 | 0.45 | 0.50 | 0.55 |
| 产物 P 含量/% | 5.35 | 6.24 | 7.36 | 7.81 | 7.90 | 8.15 |
| 产物 Ni 含量/% | 86.59 | 85.29 | 84.69 | 84.96 | 82.56 | 87.60 |

由表 3-3 可知,改变 $NaH_2PO_2$ 的浓度,对于反应所得镍球的成分有一定的影响。随着 $NaH_2PO_2$ 浓度的升高,产物中 P 的含量增高,Ni 的含量有所减少。这是由于 $NaH_2PO_2$ 浓度的增加使可供反应的 $H_2PO_2^-$ 离子大量增多,随着 $H_2PO_2^-$ 离子的增多,在整个溶液的反应中,P 的还原反应也相对增多,使 P 的析出增加。而由于反应物中 $Ni^{2+}$ 的量是一定的,反应还原出来的镍的量也基本不变,当析出的 P 增加时,镍的含量相对来说有所降低。

### 3.3.3 溶液浓度的影响

在实验中还发现,在反应中改变整个溶液中反应物的浓度,即保持反应物中 $Ni^{2+}$,$H_2PO_2^-$ 和 NaOH 的配比不变,使它们的浓度同时升高或降低,对镍球的粒径和形貌有较大的影响。在实验中我们将上述三种反应物的配比定为 1:2:1.7,以 $Ni^{2+}$ 浓度为参考,同时使三种反应物的浓度变化,来考察其对产物的影响。

图 3-8 为不同溶液浓度下所得产物的粒度分布图。从图中可以看出,溶液浓度对产物的粒径影响较大。当 $Ni^{2+}$ 浓度为 0.25 mol/L 时,反应所得镍球的平均粒径约为 300 nm;当 $Ni^{2+}$ 浓度降至 0.125 mol/L 时,所得镍球的平均粒径增大为 900 nm;进一步降低 $Ni^{2+}$ 浓度至 0.1 mol/L,镍球的平均粒径增至 1000 nm 左右。同时还可以发现,与改变 NaOH 浓度相比,改变溶液浓度对产物的粒度分布影响较小,三种浓度下所得产物的粒径分别集中在 300 nm(62%),900 nm(43%)和 1050 nm(39%),均保持较窄的粒度分布。

对于一定体积的溶液而言,在较高的溶液浓度下,其中包含的 $Ni(OH)_2$ 胶核数目较多,使得自催化还原反应在较短的时间内发生,胶核未进一步长大便被反应生成的镍所包覆,得到的镍球粒径相对较小;而当溶液浓度较低时,溶液中的还原反应要经过较长的孕育期才能发生,使得胶核有充分的时间长大,所得的镍球粒径较大,同时,由于溶液中离子浓度较低,胶核的长大比较一致,这就使得镍球的粒度分布相对较窄,产物的粒径较均匀。

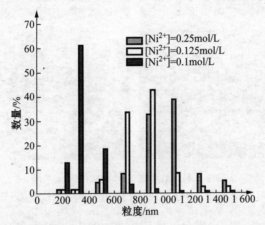

图 3-8　不同溶液浓度下所得产物的粒度分布图(以 $Ni^{2+}$ 浓度为参考)

将三种浓度下所得的镍球在扫描电镜下观察,如图 3-9,可以看出,镍球粒径的变化与粒度分布图 3-8 中所反映的基本一致,即随着溶液浓度的下降,镍球粒径变大。对三种镍球进行场发射扫描电镜观察发现,溶液浓度较低时所得镍球表面形貌与较高浓度生成的镍球形貌有所差别。溶液浓度较高时的镍球形貌与前面改变 NaOH 浓度时所得镍球的相似,即表面比较密实,球形结构完整;而在 $Ni^{2+}$ 浓度为 $0.1\,mol/L$,$Ni^{2+}$,$H_2PO_2^-$ 和 NaOH 的配比为 $1:2:1.7$ 时所得的镍球中,我们发现某些球体表面出现了孔洞,球形结构极不完整,呈现出多孔状,如图 3-9(d)所示。这应该是由于溶液浓度较低,反应过程中还原出来的镍相对较少,不能包覆形成完整的球壳,这也意味着可以通过降低溶液浓度来制备具有多孔结构的空心镍球。

## 3.3.4　氨水浓度的影响

从前面的电镜照片可知,反应完成后,所得的镍球表面有絮状杂质存在,这些絮状物应该是溶液中残余的 $Ni(OH)_2$。这就需要对反应所得的产物进行后处理来得到纯度较高的空心镍球。Shen 等人[11]的研究认为,用氨水溶液可以将溶液中不溶于水的 $Ni(OH)_2$ 络合生成可溶的 $Ni(NH_3)_4^{2+}$,从而可以达到去除 $Ni(OH)_2$ 杂质的目的。在本实验中也采用氨水作为洗涤剂来去除残留在镍球表面的絮状

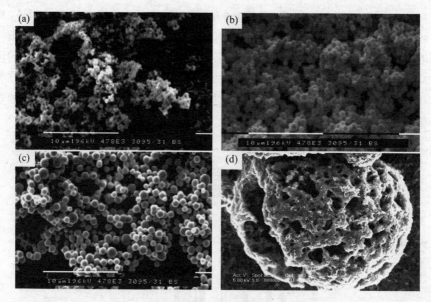

图 3-9　不同溶液浓度时镍球的表面形貌

(a) 0.25 mol/L；(b) 0.125 mol/L；(c) 0.1 mol/L)；(d) 具有孔状结构空心镍球的 FESEM 照片

$Ni(OH)_2$。

氨水络合 $Ni(OH)_2$ 的反应如下所示：

$$Ni(OH)_{2(S)} + 4NH_3 \cdot H_2O \longleftrightarrow Ni(NH_3)_4^{2+} + 2OH^- + 4H_2O \quad (3-17)$$

但该反应的平衡常数 $K$ 为 $1.2 \times 10^{-6}$[23]，表明此时反应不易进行，$Ni(OH)_2$ 胶体较难溶于氨水。当体系中有足量的 $NH_4^+$ 存在时，反应的方程由下式表示：

$$Ni(OH)_{2(S)} + 2NH_3 \cdot H_2O + 2NH_4^+ \longleftrightarrow Ni(NH_3)_4^{2+} + 4H_2O \quad (3-18)$$

此时反应平衡常数 $K$ 为 $3.8 \times 10^3$，络合反应变得容易进行。而在氨水溶液中 $NH_4^+$ 和 $NH_3 \cdot H_2O$ 存在一个电离平衡，可以通过氨水的浓度（溶液 pH 值）来调节。研究表明[23]，氨水溶液的 pH 值为 9.25 时，$NH_4^+$ 和 $NH_3 \cdot H_2O$ 的含量各占一半；当氨水溶液的 pH 值低于 9.25 时，溶液中主要以 $NH_4^+$ 形式存在；而氨水溶液的 pH 值高于 9.25 时，溶液中大部分为 $NH_3 \cdot H_2O$。因此用 pH 值低于 9.25 的氨水作为洗涤剂，可以较好地去除残余的 $Ni(OH)_2$ 杂质。

图 3-10 为用不同 pH 值氨水清洗后所得镍球的形貌。如图 3-10(a) 所示，用 pH 值为 9.05 的氨水做洗涤剂，可以除去絮状残留物得到表面干净，光滑的镍球；而用 pH 值为 11.2 的氨水作为洗涤剂，则不能很好地去除残留物，从图 3-10(b) 中可以看出，镍球表面仍然附着有少量絮状物。

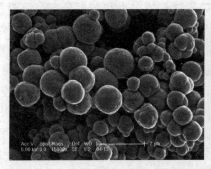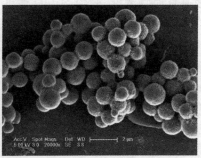

图 3-10　不同 pH 值氨水溶液清洗后所得镍球的形貌

(a) pH＝9.05；(b) pH＝11.2)

## 3.4　本章小结

本章对自催化还原反应进行了动力学分析,对影响反应速率的主要工艺参数进行了研究。对不同工艺参数下所得的产物进行了成分、粒径和形貌等分析,主要研究了反应物的浓度对产物成分、粒径和形貌的影响。主要结论有:

(1) 对自催化还原反应进行了动力学分析。在本实验所研究的自催化还原反应中,反应速率主要是由反应温度、初始 $NaH_2PO_2$ 浓度和 NaOH 浓度决定的。将不同温度下的各个反应时段生成镍的量的实验数据绘制成图,可以发现由实验结果反映的变化规律与推导公式所表述的特征基本一致。同时实验结果也表明,随着温度的升高,反应速率常数变大,使反应加快,当温度达到 81℃后,继续升高温度,反应速率常数基本不变,在实验中反应温度控制在 81℃左右较为适宜。通过对反应速率常数和温度的关系可以计算出反应的活化能约为 166 kJ·$mol^{-1}$。

(2) 通对反应物中 $NaH_2PO_2$ 和 NaOH 浓度与反应速率之间的关系进行研究,发现 $NaH_2PO_2$ 浓度对反应速率有较大的影响,增加其浓度可使反应加快,但对反应的孕育期影响不大,增加浓度使孕育期稍有减短,同时增加 $NaH_2PO_2$ 浓度可使反应产物的量增加,但增至一定浓度,再继续升高 $NaH_2PO_2$ 浓度所得产物的量无明显变化,在实验中将 $H_2PO_2^-$ 浓度控制在 0.5 mol/L 左右较为合适。反应物中 NaOH 浓度的增加也使得反应速率加快,它是通过增加胶核的量使得反应中催化活性点的增多来影响反应速率的,但当反应物中 $Ni^{2+}$ 与 NaOH 配比(摩尔比)达到 1∶1.8 时,再增加 NaOH 浓度对反应速率影响不大。同时分析表明 NaOH 浓度的变化与反应速率常数无关。

(3) 对反应产物的分析表明,影响产物的粒径大小及粒度分布、产物形貌和成分主要是反应物浓度,其中 NaOH 浓度对产物粒径大小和粒度分布有重要影响。增加 NaOH 浓度可使反应生成的镍球粒径变小,同时粒度分布变得均匀,当 NaOH 浓度达到 0.45 mol/L 时,所得镍球为纳米级颗粒,平均粒径在 80 nm 左右。同时随着 NaOH 浓度的升高所得镍球中镍的含量有所下降,球内残余的 Ni(OH)₂ 含量升高,镍球中同时含有少量的 P,其含量在 4wt%~8wt%之间。通过控制反应物中 NaOH 浓度可以制备出空心、部分空心和包覆型的镍球。

(4) 改变溶液中的 NaH₂PO₂ 浓度对镍球的粒径和形貌影响不大,但对产物中的 P 含量有一定的影响,随着 NaH₂PO₂ 浓度的升高,镍球中的 P 含量有所上升;保持反应物配比不变,改变溶液的浓度对镍球的粒径和形貌也有一定的影响。溶液浓度越低,镍球的粒径也越大,粒度分布也相对变宽。同时在低浓度下(Ni²⁺ 浓度为 0.1 mol/L)可得到多孔结构的空心镍球。研究表明,后处理工艺对产物的形貌也有一定影响。用氨水作为清洗溶液去除残余的 Ni(OH)₂ 时,氨水溶液的 pH 值控制在 9.25 以下能将镍球表面的絮状 Ni(OH)₂ 有效去除。

# 参考文献

[1] Boudjahem A-G., Monteverdi S., Mercy M., et al. Nickel nanoparticles supported on silica of low surface area. Hydrogen chemisorption and TPD and catalytic properties[J]. Catal. Lett., 2002, 84: 115-122.

[2] Nakamichi Y. Liang H. Reduction kinetics of Ni(OH)₂ to nickel powder preparation under hydrothermal condition[J]. Metall. Trans. B, 1993, 24B: 557-561.

[3] Kim D-J., Chung H-S., Yu K. Cobalt powder from Co(OH)₂ by hydrogen reduction[J]. Mater. Res. Bull., 2002, 37: 2067-2075.

[4] Lee S-P., Chen Y-W. Catalytic properties of Ni-B and Ni-P ultrafine materials[J]. J. Chem. Technol. Biotechnol., 2000, 75: 1073-1079.

[5] Linderoth S., Mørup S. Amorphous TM1-xBx alloy particles prepared by chemical reduction[J]. J. Appl. Phys., 1991, 69(8): 5256-5261.

[6] Lee S-P., Chen Y-W. Effect of preparation on the catalytic properties of Ni-P-B ultrafine materials[J]. Ind. Eng. Chem. Res., 2001, 40: 1495-1499.

[7] Shen J., Hu Z., Zhang Q., et al. Investigation of Ni-P-B ultrafine amorphous alloy particles produced by chemical reduction[J]. J. Appl. Phys., 1992, 71(10): 5217-5221.

[8] Hu Z., Shen J., Chen Y., et al. Spherical amorphous nickel-phosphorus alloy particles with uniform size prepared at room temperature[J]. J. Non-Crystal. Solids, 1993, 159: 89-91.

[9] Li F-S., Xue D-S. Preparation and crystallization of Fe-Co-B amorphous powder[J]. J. Mater. Sci., 1993, 28: 795-798.

[10] Boudjahem A-G., Monteverdi S., Mercy M., et al. Study of support effects on the reduction of $Ni^{2+}$ ions in aqueous hydrazine[J]. Langmuir, 2004, 20: 208-213.

[11] Shen J., Hu Z., Zhang L., et al. The preparation of Ni-P ultrafine amorphous alloy particles by chemical reduction[J]. Appl. Phys. Lett., 1991, 59(27): 3545-3546.

[12] Hu Z., Shen J., Chen Y., et al. The investigation of uniform spherical $a-Ni_{85}P_{15}$ ultrafine particles[J]. J. Magnet. Magn. Mater., 1992, 104-107: 1583-1584.

[13] Hu Z., Shen J., Fan Y., et al. Formation of ultrafine amorphous alloy particles with uniform size by autocatalytic method[J]. J. Mater. Sci. Lett., 1993, 12: 1020-1021.

[14] Shen J., Zhang Q., Li Z., et al. Chemical reaction for the preparation of Ni-P ultrafine amorphous alloy particles from aqueous solution[J]. J. Mater. Sci. Lett., 1996, 15: 715-717.

[15] 沈俭一,胡征,张黎峰,等.镍-磷非晶合金超细微粒的制备和物性研究[J]. 化学学报,1992,50:566-570.

[16] 沈俭一,李智渝,胡征,等.诱导自催化法制备 Ni-P 超细非晶合金的动力学研究[J]. 化学学报,1994,52:858-865.

[17] Yedra A., Fernández Barquín L., García Calderón R., et al. Survey of conditions to produce metal-boron amorphous and nanocrystalline alloys by chemical reduction[J]. J. Non-Crystal. Solids, 2001, 287: 20-25.

[18] Fan Y., Hu Z., Shen J., et al. Surface state and catalytic activity of ultrafine amorphous NiB alloy particles prepared by chemical reduction[J]. J. Mater. Sci. Lett., 1993, 12: 596-597.

[19] Shen J., Li Z., Yan Q., et al. Reactions of bivalent metal ions with borohydride in aqueous solution for the preparation of ultrafine amorphous alloy particles[J]. J. Phys. Chem., 1993, 97: 8504-8511.

[20] Deng J., Chen H., A novel amorphous Ni-W-P alloy powder and its hydrogenation activity [J]. J. Mater. Sci. Lett., 1993, 12: 1508-1510.

[21] Yi G., Zhang B., Wu L., et al. Crystallization during isothermal annealing of Fe-Ni-P-B nanosize amorphous powders prepared by chemical reduction[J]. Physica B, 1995, 216: 103-110.

[22] 高加强.纳米粒子改性化学镀 Ni-P 合金的晶化行为研究[D].上海:上海交通大学博士学位论文,2005.

[23] 严宣申,王长富,等.水溶液中的离子平衡与化学反应[M].北京:高等教育出版社,1993.

# 4 自催化还原法制备超细复合空心金属球

## 4.1 引言

粒径在纳米级乃至微米级的超细空心粉具有特殊的空心结构,与其块体材料相比具有较大的比表面积、较小的密度以及特殊的光、电和力学性质等许多特性,而且空心粉的壳层可以按照人们的兴趣由各种有应用价值的材料构筑而成,使得空心结构材料的物理性质更加丰富,因此近年来引起了科研工作者极大的兴趣,而成为材料研究领域内的一个热点。研究表明,某些空心粉的核层折光指数远低于壳层的折光指数,有可能对微波电磁场形成"黑洞",可望获得高性能的雷达隐身材料;空心粉以及由空心粉堆积而成的多孔材料在催化领域、缓释药物的包装、人造细胞的模拟及蛋白质、酶、DNA 等生物活性分子的包覆保护以及作为涂料的填料或颜料等各个领域都有很大的潜在应用价值。

另外,随着电子技术的发展和广泛应用,电磁干扰和辐射越来越受到人们的重视,同时,为适应现代战争的需要,隐身技术已成为军事技术发展的重点,因此,能够有效吸收电磁波的吸波材料已成为材料研究领域的一个热点。其中,磁性金属粉如铁、钴、镍及其合金粉因具有较好吸收性能而具有很好的应用前景,但是普通金属磁性粉体因具有密度大的缺点,限制了其在飞行器等要求低密度材料装置上的应用。因此制备低密度吸波材引起了研究人员的关注,降低材料密度的方法之一就是空心化。目前,研究人员通过在空心玻璃或陶瓷粉表面包覆磁性薄膜制备吸波材料[4-6],取得了较好的效果,但这种方法制备的粉体粒径大小因受模板本身的限制而无法自由调节,同时,如果直接制备空心磁性粉体,可进一步降低材料密度。

为此,本章讲述的是在空心镍粉的基础上,利用自催化还原法制备多种金属磁性空心粉,研究工艺参数对其电磁性能的影响,以期获得性能优异的吸波剂。主要利用自催化还原法制备超细复合空心金属粉,采用多种分析手段研究粉体制备过程中的反应机理和微观结构,探讨工艺参数对其粒径、成分组成、结构的影响,探索最佳制备工艺。

## 4.2    制备原理

Ni-Co 复合空心粉和 Ni-Fe$_3$O$_4$ 复合空心粉与空心镍粉的形成机理相类似,如图 4-1 所示。在这些粉体的制备过程中,胶体均作为可牺牲的模板。对于空心镍球,胶体由 Ni(OH)$_2$ 组成,而对于 Ni-Co 复合空心粉,胶体为 Ni(OH)$_2$ 和 Co(OH)$_2$ 的混合物,图中的 M 代表 Co;而对于 Ni-Fe$_3$O$_4$ 复合空心粉,胶体粒子则由 Ni(OH)$_2$ 和 Fe(OH)$_2$ 组成,M 则为 Fe。

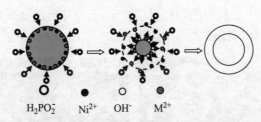

$$H_2PO_2^- \quad Ni^{2+} \quad OH^- \quad M^{2+}$$

图 4-1    自催化还原法制备空心粉的示意图

在反应溶液中,由于溶液中的金属离子过量,它们会在胶体外层吸附,形成稳定的胶团。而当溶液中分散的 H$_2$PO$_2^-$ 被吸引到胶核附近时,布满金属离子的胶核类似金属表面发挥自催化作用,促进反应得以在胶核表面进行。Ni 和 Co 的获得为还原反应,而关于 Fe$_3$O$_4$ 的反应则是在 Na$_2$H$_2$PO$_2$ 构成还原气氛下的氧化反应[7]。它们的反应方程如下所示:

$$Ni^{2+} + H_2PO_2^- + H_2O \longrightarrow Ni + HPO_3^{2-} + 3H^+ \tag{4-1}$$

$$Co^{2+} + H_2PO_2^- + 3OH^- \longrightarrow Co + HPO_3^{2-} + 2H_2O \tag{4-2}$$

$$3Fe^{2+} + H_2PO_2^- + O_2 + 7OH^- \longrightarrow Fe_3O_4 + HPO_3^{2-} + 4H_2O \tag{4-3}$$

最初的沉积形成疏松的网络结构,胶核内外的物质可以通过网络之间的空隙进行交换。产生 Ni,Co 或 Fe$_3$O$_4$ 的反应,促使胶核不断因分解而消耗,最终消失。胶核分解出来的离子,不断参与反应,沉积在网络结构上,最终形成致密完整的壳。这样就形成了空心结构。

## 4.3    Ni-Co 复合空心粉的制备

借鉴实验室前期工作中关于工艺参数对空心镍粉的影响,在制备 Ni-Co 复合空心粉的过程中,我们主要研究混合溶液 Ni$^{2+}$ 与 Co$^{2+}$ 离子浓度比和 NaOH 浓度的影响。

### 4.3.1　Ni²⁺ 与 Co²⁺ 浓度比的影响

在制备 Ni-Co 复合空心粉的过程中,首先要将 Ni²⁺ 和 Co²⁺ 混合,两者的比例决定着混合胶体内的成分比例以及参与反应的不同离子浓度,最终会影响复合空心粉里的成分比例,因此研究 Ni²⁺、Co²⁺ 离子比例的影响非常重要。为此,我们选择了 5 种 Ni²⁺、Co²⁺ 研究其影响,分别为 4∶1、3∶2、1∶1、2∶3 和 1∶4,相应的样品编号为 1～5。图 4-2 为不同样品的 FESEM 照片,从中可以看出,前 4 个样品的形貌同为球形,粒径在 500 nm 左右,而 5 号样品形貌变成圆锥形,最大粒径在 2 μm 左右,从样品 4 和 5 中带孔洞的颗粒可以看出,无论球形还是圆锥型都具有空心结构。5 号样品之所以出现形状的变化,可能是由于 Co 晶体结构不同所导致。

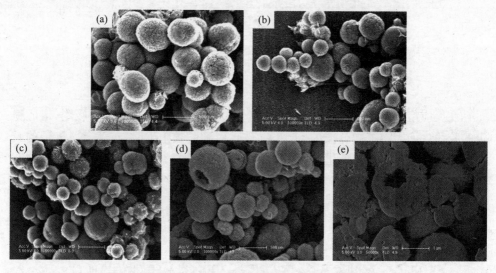

图 4-2　不同 Ni²⁺、Co²⁺ 浓度比制备的 Ni-Co 复合空心粉
(a) 4∶1; (b) 3∶2; (c) 1∶1; (d) 2∶3; (e) 1∶4

根据电化学理论,Ni 还原电极电位为-0.25 V,比 Co 还原电极电位－0.27 V 要大,意味着在式(4-1)和式(4-2)的还原过程中,还原 Ni 要比还原 Co 容易,这将导致最终空心粉内的镍钴比例要比制备初期溶液中的 Ni²⁺、Co²⁺ 比例大,样品 EDX 分析结果(表 4-1)证实了这一推论。从表 4-1 中,可以看出,前 3 个样品制备过程中,还原 Ni 的反应占极大优势,最终导致样品镍钴比例相差很大,即使在配制溶液中 Ni²⁺∶Co²⁺＝1∶1 时,得到的粉体中镍钴比也为 6∶1。另外,这 3 个样品中 P 含量比较高,明显高于后两种。在化学镀过程中,P 沉积速度的经验动力学公式为[8]:

$$\frac{dP}{dt} = K[H_2PO_2^-]^{1.91}[H^+]^{0.25} \tag{4-4}$$

可见 P 的沉积过程是酸催化型的,增加 $H^+$ 即降低 pH 值,会导致 P 沉积量上升。在前 3 种样品制备过程中,Ni 还原反应占主导地位,根据反应式(3-1)中 Ni 的还原反应可知,还原 Ni 时有 $H^+$ 产生,会导致 pH 值降低,从而使 P 沉积速率增大,导致样品 P 含量偏高。

表 4-1 不同 $Ni^{2+}$、$Co^{2+}$ 浓度比制备的 Ni-Co 复合空心粉 EDX 结果

| 样品 | Ni/(at.%) | Co/(at.%) | P/(at.%) |
|---|---|---|---|
| 1 | 81 | 4 | 15 |
| 2 | 75 | 5 | 20 |
| 3 | 66 | 11 | 23 |
| 4 | 66 | 28 | 6 |
| 5 | 38 | 58 | 4 |

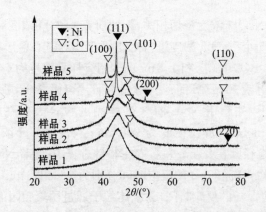

图 4-3 不同 $Ni^{2+}$、$Co^{2+}$ 浓度比制备的 Ni-Co 复合空心粉的 XRD 谱线
样品 1—4∶1;样品 2—3∶2;样品 3—1∶1;样品 4—2∶3;样品 5—1∶4

P 在样品中以固溶态存在,因此在样品的 XRD 曲线上看不到 P 的衍射峰(如图 4-3 所示),但是 P 含量的增加导致 Ni 和 Co 的结晶度降低,为纳米晶或非晶,这正是样品 1~3 的 XRD 衍射曲线上出现很宽的衍射峰的原因。当样品 4 和 5 中 P 含量降低下来后,晶粒尺寸增大,使衍射峰明显锐化。

## 4.3.2 NaOH 浓度的影响

在制备空心粉过程中,胶体粒子起模板作用,对样品的尺寸有决定性影响,而

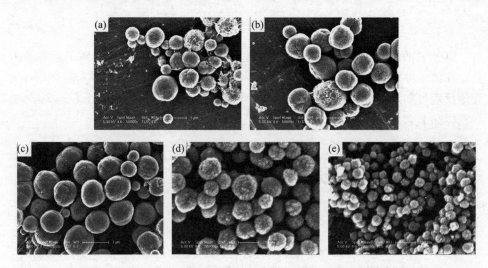

图 4-4　不同 NaOH 浓度制备的 Ni-Co 复合空心粉的 FESEM 照片

样品 6(a) 1.4 mol/L；样品 7(b) 1.5 mol/L；样品 8(c) 1.6 mol/L；

样品 9(d) 1.7 mol/L；样品 10(e) 1.8 mol/L

胶体粒子的形成跟 NaOH 浓度密切相关,因此研究 NaOH 浓度对样品的影响非常必要。我们选择了 5 个 NaOH 浓度进行对比研究其对空心粉形貌、大小和成分的影响,依次为 1.4,1.5,1.6,1.7 和 1.8 mol/L,相应样品编号为 6~10。图 4-4 显示了 5 种样品的扫描电镜 FESEM 照片。由显微照片可以看出,随着 NaOH 浓度的增加,样品粒径减小,并趋于均匀,前 3 个样品的粒径大约在 1 μm 左右;而当 NaOH 浓度为 1.7 mol/L 时,粒径变为 200 nm 左右;NaOH 浓度进一步增加为 1.8 mol/L时,粉体粒径则在 80 nm 左右。在制备过程中,随着 NaOH 浓度的增加,总反应时间明显变短,样品 6~8 的反应时间分别为 9、8 和 6 min,而后两个样品均在 1 min 内结束反应。长的反应时间,为胶体粒子通过团聚吸附而长大提供了足够时间,长大的胶体粒子也直接导致以其为模板的空心粉的粒径变大,相反,短的反应时间使胶体粒子难以长大,相互粒径差别也比较小,使最终空心粉的粒径很小,且分布均匀。

由表 4-2 中的 EDX 分析结果可以看出,随着 NaOH 浓度的增加,Ni 含量基本没有变化,Co 含量略有增加,P 含量则是变少。由于 Co 还原电极电位比 Ni 负,碱的浓度越高越有利于 Co 的还原,使样品中的 Co 含量增加。另外,由式 4-4 可知,P 的沉积过程是酸催化型的,当溶液 NaOH 浓度比较低时,pH 值比较小,P 沉积速度比较大,导致所制备的样品中 P 含量比较高,而当 NaOH 浓度增大时,pH 值也增大,P 沉积变得慢,样品中的 P 含量也低。而随着 P 含量的降低,样品中晶粒尺寸变大,使其 XRD 衍射峰锐化,如图 4-5 所示。由于 Co 含量整体比较低,Co 的衍射峰都比较弱。

表 4-2  不同 NaOH 浓度制备的 Ni-Co 复合空心粉 EDX 结果.

| 样品 | Ni/(at. %) | Co/(at. %) | P/(at. %) |
| --- | --- | --- | --- |
| 6 | 81 | 4 | 15 |
| 7 | 80 | 5 | 15 |
| 8 | 78 | 10 | 12 |
| 9 | 81 | 15 | 5 |
| 10 | 80 | 13 | 7 |

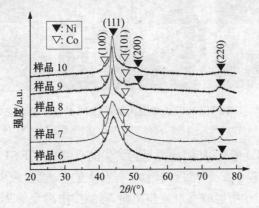

图 4-5  不同 NaOH 浓度制备的 Ni-Co 复合空心粉 XRD 谱线

样品 6—1.4 mol/L;样品 7—1.5 mol/L;样品 8—1.6 mol/L;样品 9—1.7 mol/L;样品 10—1.8 mol/L

## 4.4  Ni-Fe$_3$O$_4$ 复合空心粉的制备

在制备镍-四氧化三铁复合空心粉的过程中,与上一节类似,在研究工艺参数的影响时,我们主要考虑了混合溶液中 Ni$^{2+}$ 与 Fe$^{2+}$ 浓度比和 NaOH 浓度的影响。

### 4.4.1  Ni$^{2+}$ 与 Fe$^{2+}$ 浓度比的影响

与 Ni-Co 复合空心粉相似,最初溶液中 Ni$^{2+}$ 和 Fe$^{2+}$ 离子浓度比影响着最终样品中的成分含量,因此,研究 Ni$^{2+}$ 和 Fe$^{2+}$ 浓度比对样品的影响非常有必要。我们选择了 5 种镍铁离子比例进行研究,分别为 4∶1、3∶2、1∶1、2∶3 和 1∶4,相应的样品编号为 1～5。图 4-6 为样品的扫描电镜照片和透射电镜照片,可以看出,样品形貌均为球形,随着溶液中 $Fe^{2+}$ 的增加,样品的粒径略微变小,由最初的 200 nm 左右变为 150 nm 左右。图 4-6(f)为样品 5 的透镜照片,可以看出样品具有空心结构。

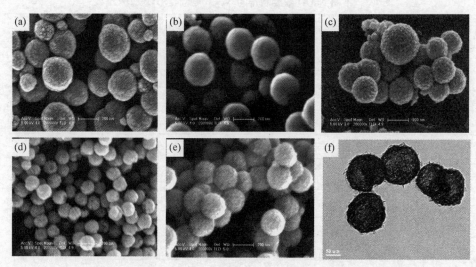

图 4-6　不同 $Ni^{2+}$、$Fe^{2+}$ 浓度比制备的 Ni-Fe$_3$O$_4$ 复合空心粉
(a)样品 1—4∶1;(b)样品 2—3∶2;(c)样品 3—1∶1;(d)样品 4—2∶3;(e 和 f)样品 5—1∶4

由图 4-7 的 XRD 谱线可知,样品里包含尖晶石结构的 $Fe_3O_4$ 和面心立方结构的 Ni。随着制备过程中 $Fe^{2+}$ 浓度的增加,样品中的 Ni 逐步减少,磁铁矿含量逐渐增多(见表 4-3),使 Ni 衍射峰强度逐步减弱,样品 1 中出现的 Ni(220)峰在其他样品中已经不明显,(111)峰强度逐渐减弱,而磁铁矿衍射峰强度逐步增强,在样品 4 和 5 中出现了前 3 个样品没有的(220)峰。随着磁铁矿量的增大,根据反应式

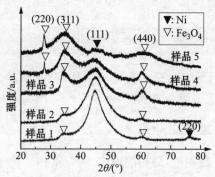

图 4-7　不同 $Ni^{2+}$、$Fe^{2+}$ 浓度比制备的 Ni-Fe$_3$O$_4$ 复合空心粉 XRD 谱线
样品 1—4∶1;样品 2—3∶2;样品 3—1∶1;样品 4—2∶3;样品 5—1∶4)

(4-3)可知,OH⁻离子消耗越多,使溶液 pH 值降低,致使 P 的沉积量增多,使晶粒尺寸变细,XRD 谱线的背景干扰越来越来明显。

表 4-3　不同 $Ni^{2+}$、$Fe^{2+}$ 浓度比制备的 $Ni\text{-}Fe_3O_4$ 空心粉 EDX 结果

| 样品 | Ni/(at. %) | Fe/(at. %) | P/(at. %) |
|------|-----------|-----------|-----------|
| 1 | 79 | 8 | 13 |
| 2 | 71 | 14 | 15 |
| 3 | 67 | 24 | 19 |
| 4 | 35 | 40 | 25 |
| 5 | 14 | 57 | 29 |

## 4.4.2　NaOH 浓度的影响

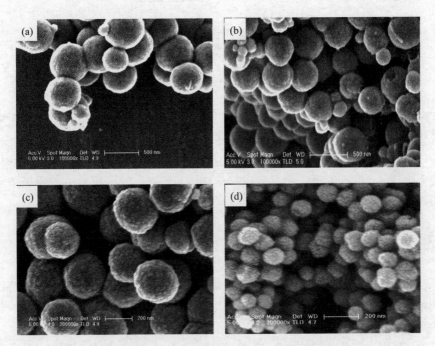

图 4-8　不同 NaOH 浓度制备的 $Ni\text{-}Fe_3O_4$ 复合空心粉

(a)样品 6—1.4 mol/L；(b)样品 7—1.5 mol/L；(c)样品 8—1.6 mol/L；(d)样品 9—1.7 mol/L

在制备复合空心粉过程中,混和胶体作为可牺牲的模板,影响着粉体的粒径,而胶体的形成又由 NaOH 浓度决定,因此很有必要研究 NaOH 浓度对样品的影响。我们分别选择了 1.4,1.5,1.6 和 1.7 mol/L 4 个 NaOH 浓度研究其对复合空

心粉的影响,样品编号为 6～9。图 4-8 为样品的 FESEM 照片,可以看出,随着 NaOH 浓度的增加,样品粒径逐步减小。当 NaOH 浓度为 1.4 和 1.5 mol/L 时,空心粉粒径在 500 nm 左右,当 NaOH 浓度增大为 1.6 mol/L 时,粒径为 250 nm 左右,进一步增大 NaOH 浓度为 1.7 mol/L 时,样品粒径变为大约 100 nm。在制备过程中,随着 NaOH 浓度的增大,孕育时间变短,胶体没有足够时间长大,因此以其为模板的最终粉体粒径变小。

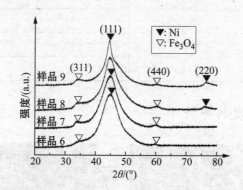

图 4-9　不同 NaOH 浓度制备的 Ni-Fe$_3$O$_4$ 复合空心粉 XRD 谱线

样品 6—1.4 mol/L;样品 7—1.5 mol/L;样品 8—1.6 mol/L;样品 9—1.7 mol/L

由样品的 XRD 谱线(图 4-9)可以看出,随着 NaOH 浓度的增加,Ni 衍射峰略有锐化,是由于碱浓度的增加使 pH 值增加,降低了 P 的沉积,使晶粒尺寸变大。另外,Ni 的沉积过程是碱催化型的,碱的增多促进 Ni 的沉积,使后两个样品衍射曲线上出现了 Ni(220)峰。由反应式(4-3)可知,Fe$_3$O$_4$ 的沉积量也随着碱浓度的增加而增加,致使衍射峰强度略有增大。

## 4.5　本章小结

(1) 利用自催化还原法制备 Ni-Co 复合空心粉。研究发现,随着制备溶液中 Co$^{2+}$ 浓度比例的增加,样品中的 Co 含量增加,当样品中 Co 含量占大多数时,粉体形状变为圆锥型;NaOH 浓度的增加,会使反应时间缩短,使样品粒径减小。

(2) 利用自催化还原法制备 Ni-Fe$_3$O$_4$ 复合空心粉。在制备过程中,Ni 通过还原产生,而获得 Fe$_3$O$_4$ 却是在还原气氛下的可控的氧化反应。随着溶液中 Fe$^{2+}$ 离子浓度的增加,复合空心粉里的 Fe$_3$O$_4$ 成分比例增多;溶液中 NaOH 浓度的增加,使粉体粒径减小。

# 参考文献

[1] 蔺玉胜,宋彩霞,魏文阁,等.空心球壳材料的制备研究进展[J].材料导报,2004,18(9):24-26.

[2] 严春美,罗贻静,赵晓鹏.无机材料纳米空心球的制备方法研究进展[J].功能材料,2006,37(3):345-350.

[3] Y. Deng, X. Liu, B. Shen, L. Liu, W. Hu. Preparation and microwave characterization of submicrometer-sized hollow nickel spheres[J]. J. Magn. Magn. Mater., 2006, 303: 181-184.

[4] Z. W. Liu, L. X. Phua, Y. Liu, C. K. Ong. Microwave characteristics of low density hollow glass microspheres plated with Ni thin-film[J]. Journal of Applied physics, 2006, 100: 093902.

[5] S. S. Kim, S. T. Kim, J. M. Ahn, K. H. Kim. Magnetic and microwave absorbing properties of Co - Fe thin films plated on hollow ceramic microspheres of low density[J]. J. Magn. Magn. Mater., 2004, 271: 39-45.

[6] N. Nersessian, S. W. Or, G. P. Carman, W. Choe, H. B. Radouskya. Hollow and solid spherical magnetostrictive particulate composites[J]. Journal of Applied physics, 2004, 96 (6): 3362-3365.

[7] R. Fan, X. H. Chen, Z. Gui, L. Liu, Z. Y. Chen. A new simple hydrothermal preparation of nanocrystalline magnetite $Fe_3O_4$[J]. Materials Research Bulletin, 2001, 36: 497-502.

[8] 姜晓霞,沈伟.化学镀理论及实践[M].北京:国防工业出版社,2000.

# 5 超细空心镍球的表面改性研究

## 5.1 引言

　　表面改性是通过化学或物理的方法在材料表面进行反应、复合或涂覆,根据应用需要有目的地改变材料表面的化学、物理性能,在一定程度上改善或提高材料的表面特性,或者赋予材料新的机能。目前,材料的表面改性方法有很多,总的来说,可以分为物理法和化学法两大类,如表面涂层技术[1,2]、气相沉积技术[3]、离子溅射技术[4]、表面反应法[5]、化学镀法[6]等。

　　在材料表面进行改性处理,一直以来都受到人们的重视,如在传统的陶瓷工业中,利用表面改性技术可以改善陶瓷材料的表面硬度、断裂韧度、弯曲强度,并在减少摩擦系数,提高耐磨性能、化学性能、高温抗氧化性能及力学性能等方面有着显著的效果[7]。随着高新技术和生物医药的发展,人们对材料也提出更多更高的要求。通过表面改性处理,不仅可以提高材料的性能,同时还能扩展材料的应用范围。如在碳纤维增强的复合材料中,由于碳纤维表面能低,缺乏有化学活性的官能团,与基体的粘结性差,界面中存在较多的缺陷,直接影响了复合材料的力学性能。通过对碳纤维进行表面改性后可以改善其界面性能,提高其对基体的浸润性和粘结性,使得复合材料的性能有显著提高[8]。表面改性技术在生物医学上的应用也得到了研究者的极大关注,通过表面改性可以获得生物相容性良好的生物材料和医疗器件[9-11]。

　　近年来,随着对超细粒子和结构制备技术以及其性能研究的不断深入,超细粉末潜在应用价值也引起了人们极大的兴趣。然而,由于超细粉末,特别是纳米尺寸的粒子和结构具有极大的比表面,容易团聚形成粗大的二次粒子,从而丧失了其特有的性能,因此,对超细粒子和结构进行表面改性处理,改善其表面结构,降低粒子之间的相互吸引,是研究者关注的问题。同时,通过表面改性还可以赋予它们新的力学、光学、电磁学、热学和物理化学性能[9-12]。如对碳纳米管进行表面修饰与改性,不但可以改善碳纳米管的分散性以及与基体的相容性,同时还可以通过表面处理,使碳纳米管实现功能化,进一步拓展其应用范围[13-17]。在前面的研究中制备出了具有空心结构的超细镍球,并对其微波性能进行了研究。在实验中发现,所得镍球在微波波段的磁导率数值较低,这与镍本身较弱的磁性能有关。因此考虑在镍球表面进行改性处理,通过化学镀方法在镍球表面镀覆一层磁性能较高的金属钴(金属钴的饱和磁化强度为 1.40 A/m,镍为 0.49 A/m[18]),提高镍球的磁导率,增强其微波吸收性能。本章对用化学镀钴方法表面改性的空心镍球进行了研究,并初步探讨了化学镀钴的工艺参数,对制备的包覆镍球进行了表征。

## 5.2 基本原理

元素周期表中第Ⅷ族元素表面几乎都具有催化活性,如 Ni、Co、Fe、Pd、Rh 等金属的催化活性表现为脱氢和氢化作用的催化剂,在这些金属表面上可以直接化学镀钴。化学镀钴过程中的反应式为

$$2H_2PO_2^- + 2OH^- \longrightarrow 2HPO_3^{2-} + 2H^+ + 2e^-$$
$$2H_2PO_2^- + 4H^+ + 2e^- \longrightarrow 2P + 4H_2O \tag{5-1}$$
$$Co^{2+} + 2e^- \longrightarrow Co$$

为了防止空心镍粉表面氧化物影响其催化活性,在放入镀液之前先用稀 HCl 处理镍粉。镍粉放入碱性镀液中后,由于镍表面的催化活性,$Co^{2+}$ 和 $H_2PO_2^-$ 离子会在表面吸附,在一定的温度下,会发生还原反应(参见式(5-1)),钴被还原出来沉积在镍粉表面,其他产物如 $H_2$ 和 $H_2PO_3^{2-}$ 则从表面脱附,通过扩散离开表面,最终在镍粉表面形成一层钴膜。其形成原理如图 5-1 所示。

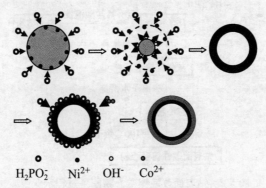

$$H_2PO_2^- \quad Ni^{2+} \quad OH^- \quad Co^{2+}$$

图 5-1 钴表面改性镍空心粉的制备过程原理示意图

## 5.3 实验方法

### 5.3.1 实验过程

在空心镍粉的基础上,利用化学镀方法在空心镍球表面包覆一层 Co-P 薄膜,

可以制成钴表面改性镍空心粉,其工艺过程如图5-2所示。具体的工艺步骤如下:

(1)空心镍球预处理:先将一定量的空心镍球在稀 $H_2SO_4$ 溶液(98%浓 $H_2SO_4$ 与去离子水的体积比为 $1:6$)中清洗,以除去表面残留的氧化物,在清洗的同时用超声波将镍球均匀分散。然后用去离子水反复清洗镍球 $2\sim3$ 次,以去除溶液中的稀 $H_2SO_4$ 和其他离子,并置于去离子水中备用。

(2)镀液配制:按一定配比将 $CoSO_4$ 和 $NaH_2PO_2$ 分别在去离子水中溶解,均匀混合后加入一定量氨水和少量乳酸配制成镀液,其中氨水在镀液中作为缓冲剂,同时调节镀液的 pH 值,乳酸则在镀液中起到络合剂的作用。

(3)镀覆层生成:将经预处理的空心镍球和去离子水的混合物用超声波搅拌后倒入化学镀液中,将其倒入 80℃ 的恒温水浴槽中加热,在加热过程中用电动搅拌机不断搅拌化学镀液,搅拌速度控制在 $500\,r/min$ 左右。此时镀液中不断产生气泡,同时镀液颜色逐渐变浅。当镀液中不再产生气泡且镀液颜色由原来的紫红色变成无色时,镀覆过程基本完成。

(4)后处理:镀覆过程结束后,将所得粉末用去离子水清洗 $2\sim3$ 次,之后用丙酮清洗 $1\sim2$ 次后置于 60℃ 的真空干燥箱中,干燥 2h 后得到镀钴的空心镍球。

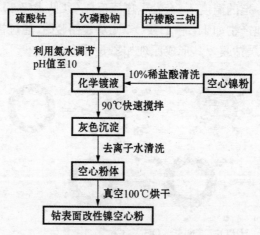

图5-2  钴表面改性镍空心粉制备过程示意图

## 5.3.2  分析测试方法

在前面的章节中我们采用 FESEM、EDAX、XRD 等分析测试方法对空心镍球的形貌和物相等进行了表征,同样,我们也可以用这些方法对包覆镍球进行了元素分析、形貌分析、物相分析。同时,我们还可以用 MASAP 2010M＋C 气体吸附仪测定了包覆镍球的吸附脱附曲线,并通过 BET 方法求得包覆镍球的比表面积值。

## 5.4　表面改性后超细空心镍球的表征

### 5.4.1　表面改性后镍球的成分分析和 X 射线衍射分析

　　在实验中对化学镀钴前后的镍球进行了成分分析,图 5-3 为两种镍球的
EDAX 能谱图。从图中可以看出,在实验中所制备的镍球通过在表面化学镀钴后,
其能谱分析中出现了钴元素的谱线,而在表 5-1 所列的元素成分中,经化学镀钴处
理后,镍球中约有 40wt％为钴元素,这说明通过化学镀钴后,镍球中出现较多的金
属钴。

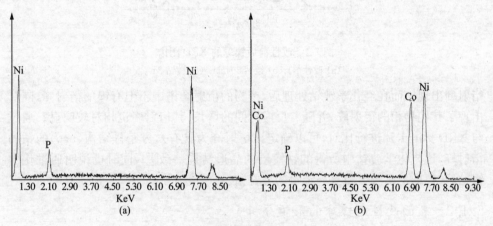

图 5-3　改性前后镍球的 EDAX 图谱

(a) 改性前；(b) 改性后

**表 5-1　改性前后镍球的成分对比**

|  | 改性前镍球各成分含量 | 改性后镍球各成分含量 |
| --- | --- | --- |
|  | wt％ | wt％ |
| Ni | 91.99 | 54.99 |
| P | 8.01 | 4.51 |
| Co | — | 40.51 |
| 共计 | 100 | 100 |

　　图 5-4 为镍球化学镀钴前后的 X 射线衍射图谱,图中谱线(a)为未进行镀钴时
镍球的 XRD 图谱,可以看到其中只有面心立方(fcc)结构的镍的衍射峰,没有其他

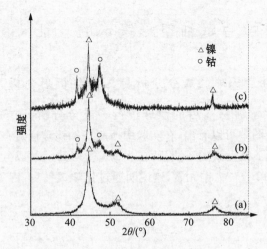

图 5-4　改性前后镍球的 XRD 图谱

(a) 改性前；(b) 镀钴 30 min；(c) 镀钴 2 h

衍射峰出现。而在经化学镀钴处理后，产物的衍射图谱中不但有镍的衍射峰，同时出现了其他物相的衍射峰，并随着反应时间的增长，其衍射峰也相对较明显。通过与 XRD 标准卡片进行比对，可以确定该衍射峰为具有六方密排结构(hcp)的钴的衍射峰，这与化学镀钴中所得的钴镀层的晶形结构一致[19]，同时也说明通过化学镀钴后，镍球上已经镀覆有一定量的金属钴。

## 5.4.2　表面改性后镍球的形貌分析

　　图 5-5 为化学镀钴前后镍球的表面形貌。图 5-5(a)所示为通过自催化还原法制备的空心微米镍球，从图中可以看出未进行化学镀钴处理前的镍球表面较为光滑，为一致密的球形粒子。经化学镀钴处理后，镍球表面包覆了一层多孔结构(图 5-5(b))，结合前面的成分分析可知，包覆层应为钴的镀层。对所得包覆镍球进一步在更高放大倍数下观察(图 5-5(c))，可以看到包覆层呈蜂窝状，片状的金属钴相

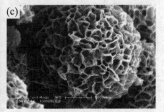

图 5-5

(a) 表面改性前镍球的形貌；(b) 改性后的镍球；(c)为(b)中镍球在较高放大倍数下的形貌

互交连,形成大量的孔隙,这种结构与化学镀钴层的结构有很大不同,在化学镀钴中,沉积下来的金属钴形成均匀致密的镀层[17],通常不会形成多孔结构。而在本实验中所形成的蜂窝状钴层可能与超细镍球表面催化能力不均匀有关。

### 5.4.3 表面改性前后镍球的比表面积对比

由于在化学镀钴后镍球表面包覆了一层多孔的钴层,这就大大提高了镍球的比表面。在实验中通过 BET 气体吸附法测定了包覆镍球的比表面积值,其 BET 比表面积值是 $4.9888\,m^2/g$,相比空心镍球的比表面积值 $0.0555\,m^2/g$ 有了很大程度的提高。

同时还通过吸附-脱附等温线研究了包覆镍球表面的蜂窝状钴层的孔隙结构。图 5-6 为包覆镍球 $N_2$ 吸附-脱附等温线,可以看出包覆镍球的等温线包含 I 和 IV 两种类型(BDDT 分类)[20]的曲线。在相对压力较低($p/p_0 < 0.6$)时,样品的 $N_2$ 吸附随着相对压力的上升增长非常平缓,等温曲线比较平坦,而且吸附线与脱附线基本重合,为典型的 I 型曲线[21]。当相对压力 $p/p_0 > 0.6$ 时,吸附容量随着压力增大呈陡峭增长趋势,曲线急剧上升,在高压区的吸附与脱附等温线出现滞后环,为 IV 型曲线,这表明样品粉末中有介孔结构($2\sim50\,nm$)的存在。同时该滞后环为 $H_3$ 型,说明样品的孔隙为狭缝型孔[21]。这与图 5-5(b)中层片状的钴层结构所形成的孔隙结构基本一致。

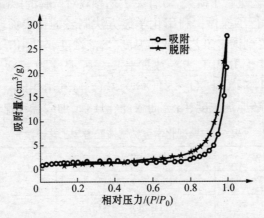

图 5-6 改性镍球的 $N_2$ 吸附-脱附等温线

同时通过 BJH 法还可得样品的 $N_2$ 脱附孔径分布图,如图 5-7 所示。从图中可以看出,包覆镍球的孔径分布为介孔和大孔($>50\,nm$),分布曲线在 $20\,nm$ 附近有一峰值,说明包覆镍球表面的孔隙以介孔为主,其平均孔径在 $26\,nm$ 左右。

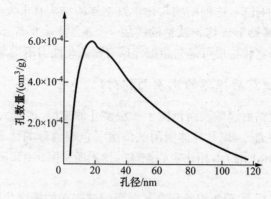

图 5-7 改性镍球的 $N_2$ 脱附孔径分布图

## 5.5 超细空心镍球表面改性的工艺研究

在空心镍球表面进行化学镀钴处理,得到了蜂窝状的多孔钴层结构,这层多孔结构大大提高了镍球的比表面,在化学催化、气体吸附等领域有着潜在的应用价值。同时,由于钴具有较好的磁性能,镀覆在镍球表面的钴层有望进一步提高镍球的电磁性能,从而更好地在微波吸收中得到应用。因此在实验中对空心镍球的化学镀钴表面改性工艺进行了研究,对有关工艺参数对产物的影响进行了分析,并对多孔钴层的形成进行了探讨。利用化学镀方法制备的钴表面改性镍空心粉的形貌、成分和结构将受到诸多工艺参数如温度、溶液浓度、pH 值等的影响。本工作中所用的典型的镀液配方和工艺参数如表 5-2 所示,以 $CoSO_4 \cdot 7H_2O$ 做主盐,$NaH_2PO_2$ 为还原剂,$Na_3C_6H_5O_7 \cdot 2H_2O$ 为络合剂,利用 $NH_3 \cdot H_2O$ 调节 pH 值。本节中主要讨论了还原剂浓度、络合剂浓度、pH 值、加载量和镍粉粒径的影响。

表 5-2 典型化学镀钴溶液配方和工艺参数

| 组成和工艺参数 | 分子式 | 浓度/(mol/L) |
| --- | --- | --- |
| 硫酸钴 | $CoSO_4 \cdot 7H_2O$ | 0.05 |
| 次磷酸纳 | $NaH_2PO_2 \cdot H_2O$ | 0.16 |
| 柠檬酸三钠 | $Na_3C_6H_5O_7 \cdot 2H_2O$ | 0.15 |
| pH 值 | 9~10 | |
| 温度 | 90℃ | |

### 5.5.1 还原剂浓度对反应产物的影响

在化学镀工艺中,还原剂浓度对反应速率有重要影响,一般地,反应速率随还原剂浓度的的升高而加快[22]。因此在实验中我们首先考虑了还原剂 $NaH_2PO_2$ 浓度对反应的影响,并考察了不同 $NaH_2PO_2$ 浓度所得反应产物的形貌。

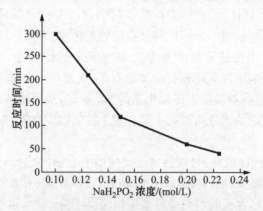

图 5-8　还原剂浓度与镍球表面化学镀钴的反应时间的关系

观察不同还原剂浓度下化学镀钴的反应过程,发现随着还原剂浓度的增大,氧化还原反应变得剧烈,反应时间也随之缩短,如图 5-8 所示。在还原剂浓度为 0.1 mol/L 时,反应过程中只有微量气泡产生,沉积速度十分缓慢,整个反应过程长达 5 h。随着还原剂浓度的升高,氧化还原反应加剧,溶液中不断产生大量气泡,Co 的沉积速度明显加快。当还原剂浓度为 0.15 mol/L 时,在 2 h 内溶液完全由紫红色褪为无色,说明氧化还原反应结束,整个反应过程较为剧烈,大量气泡冒出。当还原剂浓度升高到 0.225 mol/L 时,反应剧烈进行,在 40 min 内完成,在反应过程中可以看到溶液颜色在较短的时间内变浅,同时伴随有大量气体生成。

图 5-9　不同还原剂浓度下所得镀钴镍球的表面形貌

(a) 0.1 mol/L; (b) 0.15 mol/L; (c) 0.2 mol/L

同时通过 FESEM 对不同还原剂浓度下所得的产物进行形貌分析,如图 5-9 所示。当还原剂浓度为 0.1 mol/L 时(此时溶液中 $Co^{2+}$ 与 $H_2PO_2^-$ 的配比为 1:2),

由于溶液中 $H_2PO_2^-$ 浓度较低,溶液中大量的 $Co^{2+}$ 不能被还原出来,当溶液中不再有气泡冒出后,溶液仍呈紫红色,表明仍有较多的 $Co^{2+}$ 残余,同时从图 5-9(a) 中可以看出,在镍球表面形成的钴层极不完整,有的镍球未被完全包覆,裸露出光滑的镍球表面。当还原剂浓度为 0.15 mol/L(溶液中 $Co^{2+}$ 与 $H_2PO_2^-$ 离子的配比为 1:3)或更高时,还原反应进行得比较完全,反应结束后溶液基本为无色,说明溶液中绝大部分的 $Co^{2+}$ 被还原出来,而在图 5-9(b),(c) 中也可以看出,镍球表面均为一层蜂窝状的钴层所包覆。所不同的是在还原剂浓度高于 0.15 mol/L 时,所得多孔钴层的孔隙明显比在还原剂浓度为 0.15 mol/L 时的细小,其表面结构也更完整。这与在高还原剂浓度下还原反应加剧有关,大量的 Co 被还原出来后,迅速沉积下来,原本较大的孔隙被新近还原出来的 Co 填充,从而形成细小的孔隙。这也说明通过改变还原剂的浓度可以在一定程度上控制沉积在镍球表面的钴层多孔结构的孔隙大小。

利用 X 射线能谱(EDX)分析钴表面改性镍空心粉的成分,发现随着还原剂浓度的增加,P 含量随之增加,样品 1~3 中的 P 含量(wt%)依次为 4.5,5.9 和 8.0,几乎呈线性增长。P 含量的增加导致镀层结晶度下降[23,24],这些可以从图 5-10 的 XRD 曲线中看出。

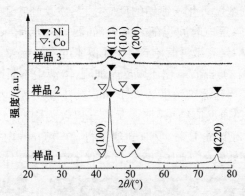

图 5-10　不同还原剂浓度制备的改性镍空心粉 XRD 谱线
样品 1—0.1 mol/L;样品 2—0.15 mol/L;样品 3—0.2 mol/L

### 5.5.2　$Co^{2+}$ 浓度对反应产物的影响

在化学镀钴中,主盐($Co^{2+}$)浓度的变化对镀钴层的形成以及性能均有一定的影响[19],因此在实验中我们也考察了 $Co^{2+}$ 浓度的改变对于反应产物形貌影响。保持溶液中 $Co^{2+}$ 与 $H_2PO_2^-$ 的配比为 1:3 不变,将 $Co^{2+}$ 浓度由 0.05 mol/L 增加到 0.10 mol/L,发现反应过程中的实验现象没有明显差别,反应时间也都在 2 h 左右。

对比 $Co^{2+}$ 离子浓度为 $0.05\,mol/L$ 和 $0.10\,mol/L$ 所得反应产物的形貌可以看出 (图 5-11)，镍球表面均为一层较完整的多孔钴层所包覆，而 $Co^{2+}$ 浓度为 $0.10\,mol/L$ 时所得的钴层的孔隙相对较小。这应当是溶液中 $Co^{2+}$ 浓度提高时，反应中生成钴的量也随之增多，这使得沉积下来的钴容易相互搭接，形成较为细小的孔隙。

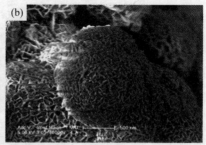

图 5-11　不同钴离子浓度所得包覆镍球的形貌

(a) $0.05\,mol/L$；(b) $0.1\,mol/L$

## 5.5.3　络合剂浓度的影响

化学镀液配置的关键问题是络合剂的选用(种类及用量)，使之既稳定又能保持一定的镀速和较长的循环周期，进一步还涉及到镀层的性能[25]。常用络合剂是羟基羧酸盐，如柠檬酸盐、酒石酸盐、铵盐以及焦磷酸盐等。本工作以柠檬酸三钠为络合剂，为研究其对样品的影响，我们选择了 4 种浓度，依次为 0.15、0.20、0.25 和 $0.30\,mol/L$，相应的样品编号为 4～7。

柠檬酸三钠是种络合能力较强的络合剂，在溶液中与 $Co^{2+}$ 形成稳定的络合物，沉淀过程中，随着钴在催化表面上的沉积，自动离解出 $Co^{2+}$ 补充镀液，使镀液保持良好的稳定性。此外，它还可以防止施镀过程中碱性盐的沉淀。随着溶液中，络合剂浓度的增加，络合作用增强，自由 $Co^{2+}$ 浓度减少，沉积速度减慢，4 种络合剂浓度镀液的反应时间分别为 13，15，19 和 25 min。

图 5-12 为不同络合剂浓度下制备出来的改性镍空心粉，可以看出，随着络合剂浓度的增加，镀层形貌发生明显的变化。当络合剂浓度为 $0.15\,mol/L$ 时，镀层由薄片组成，当络合剂浓度增大为 $0.20\,mol/L$ 时，镀层则由扁条状结构组成，随着络合剂浓度的继续增加，变成了细棒状，而且长度越来越短。另外，随后络合剂浓度的增加，镀层结构越来越紧密。当络合剂浓度比较高时，溶液中自由 $Co^{2+}$ 浓度很低，沉淀速度慢，沉积量比较低，形成短棒状结构(如图 5-12(d))；随着络合剂浓度的降低，参与反应的 $Co^{2+}$ 增多，沉积量增大，短棒得以变长(如图 5-12(c))；随着络合剂浓度进一步降低，溶液中 $Co^{2+}$ 浓度增大，沉积速度明显加快，沉积量也会增

多,在按照原来方向生长的同时,还在其他方向不断扩展,变成扁条状(如图 5-12(b));最后,变成了薄片状(如图 5-12(a))。另外,随着络合剂浓度的降低,钴沉积量增大,EDX 分析结果表明,样品 4~7 中的钴含量(wt%)分别为 18.96,12.52,9.84 和 5.24。

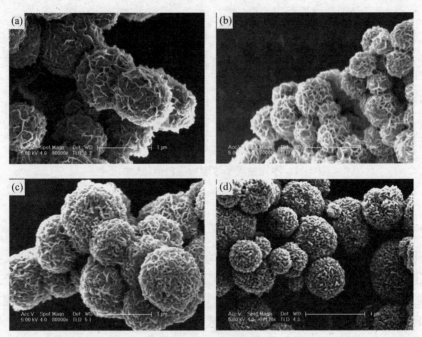

图 5-12　不同络合剂浓度制备的改性镍空心粉 FESEM 照片
(a)样品 4—0.15 mol/L;(b)样品 5—0.20 mol/L;(c)样品 6—0.25 mol/L;(d)样品 7—0.30 mol/L

图 5-13 为不同络合剂浓度制备的改性镍空心粉的 XRD 谱线,可以看出随着络合剂浓度的减小,钴沉积量减低,导致钴衍射峰的降低。样品 4 的钴含量最高,衍射峰最明显,其他样品没有的(110)衍射峰也可以看到,但是可以看出钴峰都比较宽阔,可见钴层由纳米晶或非晶组成。

### 5.5.4　溶液 pH 值对反应产物的影响

在化学镀钴工艺中,镀液的 pH 值对镀速、镀层 P 含量与应力以及镀液稳定性都有影响[22]。从自催化反应的机理可知,OH$^-$ 参与了沉积反应,OH$^-$ 的浓度越高,Co 的析出越快,而 P 的析出则减慢。另外一方面,自催化反应进行时,将产生 H$^+$,OH$^-$ 浓度越高,H$^+$ 的中和越快,因此,pH 值的增高,有利于平衡向右移动,促使自催化反应的进行。但 pH 值过高,镀液会出现浑浊,溶液不稳定。由于在化学镀过程中,反应产生的 H$^+$ 会中和 OH$^-$ 导致 pH 值降低,因此不断加入氨水调整

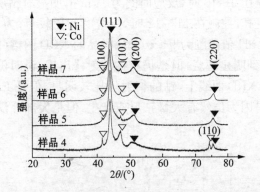

图 5-13  不同络合剂浓度制备的改性镍空心粉 XRD 谱线

(a)样品 4—0.15 mol/L；(b)样品 5—0.20 mol/L；(c)样品 6—0.25 mol/L；(d)样品 7—0.30 mol/L)

pH 值，使镀液维持在一定的 pH 值范围内，我们选择了 3 个 pH 值范围进行比较，分别是 7～8,9～10 和 11～12，相应的样品编号为 8,9 和 10。图 5-14 为样品的 FESEM 照片。

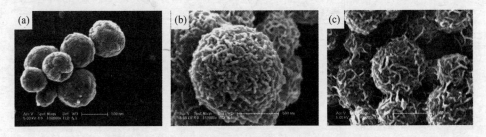

图 5-14  不同 pH 值制备的改性镍空心粉 FESEM 照片

(a)样品 8—7～8；(b)样品 9—9～10；(c)样品 10—11～12

在实验中是通过在溶液中加入氨水的量来调节溶液的 pH 值，由于氨水可以水解生成 $NH_4^+$ 的反应是一个可逆反应，因此氨水在反应中同时起到缓冲剂的作用，使得在整个反应过程中溶液的 pH 值保持在一个较为稳定的范围。实验结果表明，当在 1L 镀液中加入氨水的量为 90 mL，即溶液的 pH 值为 8.5 时，加入镍球后在较长一段时间内，溶液中基本无气泡产生，颜色保持不变，钴氧化还原反应几乎不发生。当氨水加入量为 100 mL(溶液的 pH 值为 9)时，钴的还原反应在加入镍球 1 min 后发生，整个反应在 2 h 左右完成。随着氨水加入量的进一步增加，反应时间也变短，在氨水的量为 130 mL(溶液的 pH 值为 10)时，反应十分剧烈，整个反应过程持续约 20 min。当氨水浓度为 140 mL/L，即溶液的 pH 值为 10.8 时，溶液中形成 $Co(OH)_2$ 絮状沉淀，钴的还原反应也基本不发生。从 FESEM 照片中可以看出，pH 值范围在 7～8 时，没有钴层包覆在镍粉上，制备过程中没有明显的反应发生;而当 pH 值在 9～10 时,反应时间为 10 min,明显有钴层存在,而且比较紧密;当 pH 值变得更高,控制在 11～12 时,反应时间比较短,为 6 min,钴层也比较稀疏。可见最好的 pH 值范围为 9～10。从样品的 XRD 图谱(图 5-15)可以看出,尽管样品 8 没有看到明显钴层,但是仍有钴衍射峰出现,说明仍有极少量钴沉积;另外,在样品 10 的 XRD 曲线上,钴的衍射峰比较明显,但是 FESEM 照片却显示出稀疏的镀层,这是因为虽然有大量钴反应产生,但是大部分没有沉积在粉表面,而是散落在溶液中。

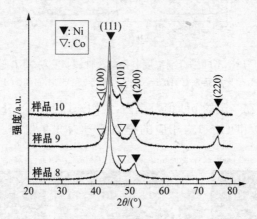

图 5-15　不同 pH 值制备的改性镍空心粉 XRD 谱线
样品 8—7～8;样品 9—9～10;样品 10—11～12

### 5.5.5　镍粉量的影响

在化学镀工艺中,合理的装载量才能保证镀层具有理想的效果。为观察镍粉量对镀层的影响,从而获得理想工艺参数,我们分别选择了 3 种质量的镍粉进行对比,依次为 2,4 和 6 g,相应的样品编号为 11～13。图 5-16 为三种样品的 FESEM 照片,可以看出,随着镍粉量的增加,镀层网络结构明显变得稀疏,这是因为镍粉质

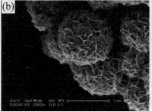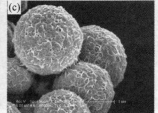

图 5-16　不同镍粉量制备的改性镍空心粉 FESEM 照片
(a)样品 11—2g;(b)样品 12—4g;(c)样品 13—6g

量的增加,意味着表面积的增大,致使单位面积的沉积量减少。在制备过程中,沉积时间分别为 18,13 和 7 min,可见随着装载量的增大,反应时间明显变短。之所以如此,是因为与大装载量相比,小装载量的镀液中反应物及 pH 值变化较小,能在较长时间内维持较高的沉积速度;大装载量镀液反应物消耗快,若得不到补充其沉积速度必然降低。

从 XRD 谱线(图 5-17)中可以看出,低装载量制备的样品(如样品 11)中钴沉积量比较大,衍射峰强度很高;随着装载量的升高,单位粉体上的钴沉积量降低,钴的衍射峰强度减弱,样品 13 中钴(110)峰已经看不到。比较来看,样品 12 比较理想,因为各衍射峰都相对清晰。

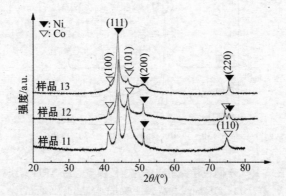

图 5-17　不同镍粉量制备的改性空心镍粉 XRD 谱线

样品 11—2g;样品 12—4g;样品 13—6g

## 5.5.6　镍粉粒径的影响

在制备改性镍空心粉的过程中,空心镍粉粒径的不同,其比表面积活性不同,对化学镀过程会有影响。为进行研究,我们选用了 3 种不同粒径的镍粉,其平均粒径分别为 2 157,950 和 224 nm,相应的样品编号为 14~16。在制备过程中,随着镍粉粒径变小,沉积时间逐步缩短,分别为 13,10 和 6 min,这是因为金属颗粒随着粒径的减少,比表面积增大,颗粒表面断键增多,导致其活性增大,从而加速钴的沉积,甚至在常温就会有反应。图 5-18 为样品的 FESEM 的照片,可以看出,随着镍粉粒径的减小,钴沉积量增大,网络结构越来越密集,但是由于小粒径镍粉分散性差,有团聚现象,致使最终样品中有相互粘结的现象。比较可以看出镍粉粒径不宜过小或过大。从图 5-19 中 XRD 谱线可以看出随着镍粉粒径的减小,钴衍射峰强度有所增强,表明钴沉积量的增多,与 FESEM 看到的结果一样。

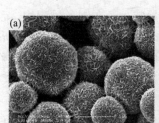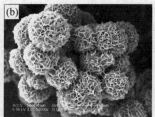

图 5-18 不同粒径镍粉制备的改性镍空心粉 FESEM 照片
(a)样品 14—2157 nm；(b)样品 15—950 nm (c)样品 16—224 nm

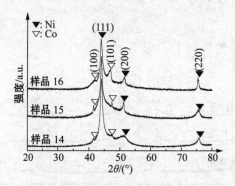

图 5-19 不同粒径镍粉制备的改性镍空心粉 XRD 谱线
样品 14—2157 nm；样品 15—950 nm 样品 16—224 nm

### 5.5.7 空心镍球表面包覆反应过程分析

在化学镀钴中,沉积下来的金属钴形成均匀致密的镀层[19],通常不会形成多孔结构。而在本实验中所形成的包覆层呈蜂窝状,片状的金属钴相互交连,形成大量的孔隙,这种结构与化学镀钴层的结构有很大不同,这种蜂窝状的多孔钴层结构的形成应该与超细镍球表面催化能力的不均匀性有关。在镍球生长过程中表面微小的晶粒形成大量的晶界,同时由于氧化的作用,使得其表面的催化活性极不均匀,这就使得钴的氧化还原反应集中在晶界出现的地方,还原出来的钴首先在这里沉积。通过对反应开始后一段时间的镍球进行观察,可以看到镍球表面生长有大量浅色丝状或带状物质,有的已经形成层片状结构,如图 5-20(a)所示。这说明钴的沉积在镍球表面是不均匀的,具有一定的选择性。

随着反应的继续进行,还原出来的钴倾向于在之前生成的钴层上沉积,同时生长方向具有一定的择优性,使得钴层以层片状的形式生长,这些钴片相互搭接,最后形成一种蜂窝状的多孔结构,如图 5-20(b)所示。

图 5-20

(a) 反应 20 min 后；(b) 反应完全改性镍球的 FESEM 照片

## 5.6  本章小结

本章通过化学镀方法在空心镍球表面进行改性处理，通过 FESEM，XRD，EDAX，BET 等测试和分析方法对制备的镀钴镍球进行了形貌、结构、成分和比表面等的表征，并对相关镀钴工艺参数对镀钴层形成和表面形貌的影响进行了分析；可以得到以下几点结论：

（1）通过化学镀方法成功地在空心镍球表面镀覆了一层金属钴。该表面包覆层呈蜂窝状，片状的金属钴相互交连，其中有大量的孔隙存在，为一层多孔结构。这层多孔结构大大增加了镍球的比表面积，由未包覆前的 $0.055\,5\,m^2/g$ 增加到 $4.988\,8\,m^2/g$。而由包覆镍球的 $N_2$ 吸附-脱附等温图和 $N_2$ 脱附孔径分布图分析可知，包覆在镍球表面的多孔结构为孔径分布较窄的微孔组成，微孔的平均孔径约为 $26.34\,nm$。

（2）通过化学镀钴表面改性的工艺进行研究，发现随着还原剂浓度的增大，可以加快反应速率，使溶液中的氧化还原反应变得剧烈，反应时间也随之缩短，通过 FESEM 分析可知，当还原剂浓度达到 $0.15\,mol/L$（溶液中 $Co^{2+}$ 与 $H_2PO_2^-$ 离子的配比为 1∶3）时，在镍球表面形成的钴层变得完整，而在还原剂浓度高于 $0.15\,mol/L$ 时，所得多孔钴层的孔隙变小。而增加溶液中 $Co^{2+}$ 浓度不改变反应速率，只使反应所得钴层的孔隙变小。同时溶液中 pH 值的大小对反应及产物形貌也有重要影响，在实验中，镀液的 pH 值应控制在 9 左右才能得到较好的多孔钴层结构。在 pH 值小于 9 或者大于 10.8 时，钴的还原反应基本不发生，但 pH 值达到 10 后镀液在镍球的催化诱导下易发生自发分解，所得产物为板结成块的钴颗粒。

（3）研究发现，随着还原剂浓度的增加，磷含量增加；络合剂浓度的增加，镀层基本结构发现变化，由片状变为棒状，并变得紧密；镍粉装载量的增加，使镀层变得稀疏。

（4）研究表明，初始镍球的颗粒大小对多孔钴层的形成也有一定影响，随着镍粉粒径的减小，钴沉积沉积量增大，网络结构越来越密集。通过对镍球表面镀钴工艺的研究认为，这种蜂窝状的多孔钴层结构的形成与超细镍球表面催化能力的不均匀性有关，钴在镍球表面的沉积具有一定的选择性，同时其生长方向具有一定的择优性。

# 参考文献

［1］曾爱香，唐绍裘，金属基陶瓷涂层的制备和应用及发展［J］.表面技术，1999，28(1)：1-3.

［2］吴杰，用冷喷涂法制备 PTC 陶瓷的铝电极，表面技术［J］.2002，31(5)：4-7.

［3］张立学，金志浩，碳化硅基材表面涂层方法综述，硅酸盐通报［J］.2002，5：21-25.

［4］钱苗根，材料表面技术及其应用手册［M］.北京：北京工业出版社，1998.

［5］李凤生等，超细粉体技术［M］.北京：国防工业出版社，2000.

［6］易国军，陈小华，蒋文忠等，碳纳米管的表面改性与镍的包覆［J］.中国有色金属学报，2004，14(3)：479-483.

［7］侯来广，王慧，曾令可，陶瓷材料传统的表面改性技术［J］.山东陶瓷，2004，127(13)：21-25.

［8］Yue Z. R., Jiang W., Wang L., et al. Surface Characterization of Electrochemically Oxidized Carbon Fibers［J］. Carbon, 1999, 37(11)：1785-1796.

［9］Cui F. Z., Luo Z. S., Feng Q. L. Highly adhesive hydroxyapatite coatings on titanium alloy formed by ion beam assisted deposition［J］. J. Mater. Sci. Mater. Med., 1997, 8 (7)：403-405.

［10］Haddow D. B., James P. F., Vannoort R. Characterization of sol-gel surfaces for biomedical applications［J］. J. Mater. Sci. Mater. Med., 1996, 7(5)：255-260.

［11］Chen J-S., Juang H-Y., Hon M-H. Calcium phosphate coating on titanium substrate by a modified electrocrystallization process［J］. J. Mater. Sci. Mater. Med., 1998, 9(5)：297-300.

［12］Thomas K. A. The effect of surface macrotexture and hydroxylapatite coating on the mechanical strengths and histologic profiles of titanium implant materials［J］. J. Biomedical Mater. Res., 21

［13］Lago R. M., Tsang S. C., Green M. L. H. Filling carbon nanotubes with small palladium metal crystallites：the effect of surface acid groups［J］. J. Chem. Soc. Chem. Commun., 1995, 13：1355-1356.

［14］Liu M. H., Yang Y. L., Zhu T., et al. Chemical modification of single-walled carbon nanotubes with peroxytrifluoroacetic acid［J］. Carbon, 2005, 43：1470-1478.

［15］Bandyopadhyaya R., Nativ-Roth E., Regev O., et al. Stabilization of individual carbon nanotubes in aqueous solutions［J］. Nano Lett., 2002, 2(2)：25-28.

[16] Jiang L. Q. , Gao L. Modified carbon nanotubes：an effective way to selective attachment of gold nanoparticles[J]. Carbon, 2003, 41：2923-2929

[17] Liang F. , Sadana A. K. , Peera A. , et al. A convenient route to functionalized carbon nanotubes[J]. Nano Lett. , 2004, 4(7)：1257-1260.

[18] 宛德福, 马兴隆. 磁性物理学[M]. 成都：电子科技大学出版社, 1994.

[19] 姜晓霞, 沈伟著. 化学镀理论与实践[M]. 北京：国防工业出版社, 2000.

[20] SingK. S. W. , Everett D. H. , Haul R. A. W. , et al. Reporting physisorption data for gas/solid systems with special reference to the determination of surface area and porosity [J]. Pure Appl. Chem. , 1985, 57(4)：603-619.

[21] Yu J. , Yu J. C. , Leung M. K. -P. , et al. Effects of acidic and basic hydrolysis catalysts on the photocatalytic activity and microstructures of bimodal mesoporous titania[J]. Journal of Catalysis, 2003, 217(1)：69-78.

[22] 宣天鹏, 郑晓桦, 邓宗钢. 化学镀钴磷合金工艺的研究[J]. 电镀与精饰, 1997, 19(1)：6-9.

[23] L. M. Abrantes, A. Fundo, G. Jin. Influence of phosphorus content on the structure of nickel electroless deposits[J]. J. Mater. Chem. , 2001, 11：200-203. Kim D. Y. , Chung Y. C. , Kang T. W. , et al. Dependence of microwave absorbing property on ferrite volume fraction in MnZn ferrite-rubber composites[J]. IEEE Trans. Magn. , 1996, 32：555-558.

[24] P. S. Kumar, P. K. Nair. Effect of phosphorus content on the relative proportions of crystalline and amorphous phase in electroless NiP deposits[J]. Journal of Materials Science Letters, 1994, 13：671-674.

[25] 费锡明, 李苏, 黄正喜, 化学镀钴沉积规律的研究[J]. 黄石高等专科学校学报, 2001, 17 (4)：11-13.

# 6 磁性空心粉磁性能研究

## 6.1 引言

近年来,超细空心粉因其在催化领域、缓释药物的包装、人造细胞的模拟及蛋白质、酶、DNA等生物活性分子的包覆保护以及作为涂料的填料或颜料等各个领域都有很大的潜在的应用价值,成为材料研究领域内引人注目的方向之一。其中,金属磁性空心粉因具有低密度、高吸收的优点,在微波吸收领域有较好的应用前景,越来越受到人们的关注[1-3]。

作为磁性材料,金属磁性粉的磁性能则是材料研究的重点之一。材料磁性能分为本征和非本征两大类,前者包括自发磁化强度、居里温度和磁晶各向异性等,这类性能属于平衡态属性,由材料原子级性能决定,一旦材料选定,这些性质就是稳定的;后者如矫顽力、剩余磁化强度等则是反应材料真实结构(如缺陷、形貌和金相组织)特征,属于非平衡态特性。相比之下,本征性能不受低浓度缺陷影响。通常认为,非本征磁性能与磁滞现象密切相关,也就是说,由磁滞回线得到的磁性能都是非本征的。我们所制备的磁性空心粉材料是确定的,研究其本征磁性能没有实际意义,因此,在本章中,我们利用振动样品磁力计VSM测量在前一章中所制备的磁性空心粉的磁滞回线,从而得到其非本征磁性能,主要包括饱和磁化强度 $M_s$、剩余磁化强度 $M_r$ 和矫顽力 $H_c$ 等物理量,研究材料的粒径、晶体结构、成分、形貌以及温度等因素对磁性能的影响,简单讨论其磁化过程与机理,为后面章节研究磁性空心粉的微波性能提供一些物理数据和依据。

## 6.2 实验方法

利用 Quantum Design 公司综合物性测量系统(PPMS)的振动样品磁力计(VSM)部件测量了空心镍粉的静磁性能。其原理是使样品在磁场中振荡,引起磁通量的变化,由感应线圈测定。根据法拉第定律可知,磁通量的变化会引起感应电动势。同时有一标准样跟样品同时产生感应电动势,比较两者电势,即可得到样品的磁化强度。利用振动样品磁力计测试了不同温度下样品的饱和磁化强度、矫顽力和磁滞回线,最大外加磁场强度为 10 kOe。

## 6.3　空心镍粉磁性能

### 6.3.1　粒径的影响

在室温(300 K)条件下,利用 VSM 测量了空心镍粉的磁滞回线,磁场范围为
−10～10 kOe,测试结果如图 6-1 所示。样品 A～D 的粒径分别为 2 157、950、224
和 99 nm。可以看出,随着粒径的减小,样品的饱和磁化强度 $M_s$ 随之减小,这是因
为受到了尺寸效应和表面效应的影响。另一方面,从样品的 XRD 谱线可以得知,
随着粒径的减小,空心镍粉结晶度降低,长程有序减弱,从而降低了其饱和磁化
强度。

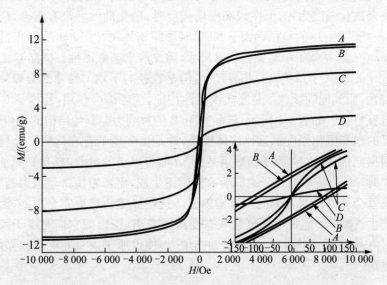

图 6-1　不同粒径空心镍粉的磁滞回线(300 K),插图为低磁场区曲线放大

A—2 158 nm;B—950 nm;C—224 nm;D—99 nm

表 6-1　不同粒径空心镍粉以及块体镍的磁性能

| 样品 | Hc/(Oe) | $M_s$/(emu·g$^{-1}$) | $M_r$/(emu·g$^{-1}$) | 粒径 |
| --- | --- | --- | --- | --- |
| A | 100.5 | 11.4 | 1.9 | ～2 μm |
| B | 84.7 | 11.2 | 1.6 | ～950 nm |
| C | 0 | 8.1 | 0 | ～224 nm |
| D | 0 | 3.1 | 0 | ～100 nm |
| 空心超细镍球[4] | 32.3 | 21.1 | 0.69 | 300～400 nm |

（续表）

| 样品 | Hc/(Oe) | $M_s$/(emu·g$^{-1}$) | $M_r$/(emu·g$^{-1}$) | 粒径 |
|---|---|---|---|---|
| 空心钠米镍球[5] | 102 | 13.6 | 2.67 | 50~60 nm |
| 空心微粒镍球[6] | 101.8 | 11.2 | 4.4 | 3~8 μm |
| 块体镍[7] | 100 | 55 | 2.7 | 2~3 μm |

从图 6-1 可以看出,随着样品粒径的减小,磁滞回线的形状也在变化。样品 A 和 B 的磁滞回线形状与经典的铁磁性材料相同,具有明显的磁滞环,其磁化反转机制如同宏观磁性材料,通过畴壁运动来实现。而样品 D 却呈现超顺磁性特征,矫顽力 $H_c$ 和剩余磁化强度 $M_r$ 均为零,且正反方向磁化过程相同,两次磁化曲线重合为一条曲线,没有磁滞现象出现。样品 C 的磁滞回线形状则是前两种形式的过渡,矫顽力和剩余磁化强度为零,但在较高磁场强度时,磁化曲线并没有重合,仍存在磁滞现象。尽管样品 D 的粒径远大于 Ni 单畴颗粒临界尺寸(16 nm[7]),但其壳层厚度约为 10 nm,已经低于单畴颗粒临界尺寸,因此产生超顺磁性。样品 C 的镍壳厚度约为 31 nm,略大于单畴颗粒临界尺寸,但是粒径的不均匀性使部分颗粒磁性呈超顺磁特性,而其他的颗粒则是经典铁磁性特征,两者综合作用,使样品 C 磁化曲线呈现过渡特征。如表 6-1 所示,样品 A 和 B 的矫顽力与其他结构的镍相近,但是所有样品的饱和磁化强度都远比块体镍小,这是由于磷的存在抑制了金属原子的磁矩。根据能带理论,Ni 原子的磁矩是由 $3d$ 能带电子的贡献,当有 P 原子渗入镍的晶格中时,Ni 原子和 P 原子之间会有化学键生成,而当磁性 $d$ 轨道参与成键时,某些状态就会从 $d$ 能带移到低位成键轨道。这些成键轨道被完全占据,因此不会对磁矩产生贡献。$d$ 能带中的剩余状态变得稍有离域,恰似它们对应于较轻原子的 $d$ 态。在展宽的 $d$ 能带中,电子的动能增大,使得原子内交互更难起作用,因而减弱了磁矩。

### 6.3.2　温度的影响

对于铁磁性材料,磁性是由于原子磁矩同向排列形成磁畴而产生的,而原子磁矩会受到热运动的影响,因此,我们分别在 10,50,100,150 和 300 K 测试样品的磁滞回线,观察温度对空心镍粉磁性能的影响。在图 6-2 中显示了样品 C 在 5 个不同温度下的磁滞回线。图中可以看出,随着温度的增加,饱和磁化强度和矫顽力都在减弱,其变化趋势与文献中报道[5,8]相同。根据自旋波模型,铁磁体磁化强度低温下($T<0.3T_c$)随温度变化的规律为

$$M(T) = M(0)(1 - kCT^{3/2}) \qquad (6-1)$$

其中:$C$ 为与自旋波刚度相关的常数;$k$ 为与结构相关的常数;$M(0)$ 为 0 K 时的磁

化强度。由式(6-1)得知,磁化强度随温度的降低而降低,与实验观察到的结果相符。

由图 6-2 插图可以看出,除了在 300 K 外,样品的矫顽力均不为零。根据 E. F. Kneller 的研究结果[9],超顺磁性颗粒的临界体积 $V_c$ 与温度的关系为

$$V_c = 25k_B T/K \tag{6-2}$$

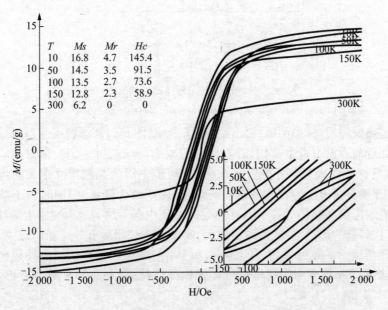

图 6-2  不同温度下样品 C 的磁滞回线,插图为低磁场区曲线放大

其中:$k_B$ 为玻尔兹曼常数;$K$ 为各向异性常数。各向异性常数与温度相关,实验测得镍的各向异性常数室温时为 $5 \times 10^4$ erg/cm³($1$ erg/cm³ $= 10^{-1}$ J/m³),而在 25 K 时变成了 $6 \times 10^5$ erg/cm³,可见是随温度降低而变大的。根据式(6-2),单畴颗粒临界尺寸随着温度的降低而减小,在 300 K 时,样品 C 中的部分粉体尺寸低于单畴颗粒临界尺寸,从而出现超顺磁特征;而当温度减小时,单畴颗粒临界尺寸降低,没有粉体满足要求,因而不再出现超顺磁性特征。

### 6.3.3  热处理的影响

为了观察晶粒尺寸对空心镍粉磁性能的影响,将样品在 H₂ 气氛下 250℃保温 1 h。经过热处理后,样品的晶粒尺寸明显变大,这可从热处理后的样品 XRD 图谱(图 6-3)中看出(样品编号加下标 TH,以区别未处理样品)。经热处理后,样品的衍射峰变得尖锐,相互之间不再覆盖。利用 Scherrer 公式,得出 4 种样品 A~D 热处理后的晶粒尺寸依次为 10.5,8.2,6.8 和 5.6 nm,比热处理前明显增大。

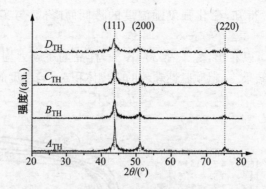

图 6-3　热处理后不同粒径镍粉的 XRD 谱

$A_{TH}$—2 158 nm；$B_{TH}$—950 nm；$C_{TH}$—224 nm；$D_{TH}$—99 nm

经过热处理后，样品的磁性能也发生了变化(图 6-4)。颗粒尺寸对磁性能的影响在热处理前后没有发生变化，随着粒径的减小，饱和磁化强度、剩磁和矫顽力不断降低，但这些物理量都比热处理前大，这可能是因为晶粒尺寸变大的缘故。另外，热处理使材料内应力释放和结构均匀化，使矫顽力降低，但同时由于热处理温度低于镍的居里温度(631 K[10])，在热处理过程中会不均匀地自发感生局域磁各向异性，钉扎畴壁的运动，导致矫顽力增大，实验结果表明后者效应相对较强，矫顽力较热处理前增大。热处理后，样品 $A_{TH}$ 和 $B_{TH}$ 的磁滞回线形状与热处理前没有区别，但是样品 $C_{TH}$ 的磁滞回线呈现出传统铁磁性特征，剩磁和矫顽力不再为零，这

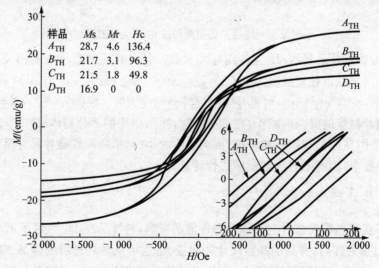

图 6-4　热处理后空心镍粉磁滞回线(300 K)，插图为低磁场区曲线放大

$A_{TH}$—2 158 nm；$B_{TH}$—950 nm；$C_{TH}$—224 nm　$D_{TH}$—99 nm

样的变化可能归咎为晶粒尺寸的增大。晶粒尺寸的增大,同样影响了样品 $D_{TH}$,从图 6-4 插图中可以看出,其曲线特征类似于热处理前的样品 C,可见由于晶粒尺寸的增大,使部分颗粒展现出了铁磁性特征。

## 6.4 钴表面改性镍空心粉磁性能

### 6.4.1 钴含量的影响

由上一章的 5.4.6 节可知,在制备改性镍空心粉的过程中,加载量的改变,可以获得不同钴含量的改性镍空心粉体。当加载量为依次为 2 g、4 g 和 6 g 时,制备得到样品 A、B 和 C 的钴含量(wt%)分别为 28.2,18.9 和 10.4。图 6-5 为样品在室温(300 K)条件下的磁滞回线,从图中可以看出,经过钴包覆的镍空心粉磁性能明显增强,饱和磁化强度与矫顽力都远大于空心镍粉。通常情况下,矫顽力与磁各向异性参数成正比,对于球形样品,磁各向异性取决于晶体各向异性,钴具有六方密排(hcp)结构,其磁晶各向异性参数 K(室温,0.53 MJ/m³)远大于面心立方结构的 Ni(室温,−0.005 MJ/m³)[10],致使 Co 的矫顽力比 Ni 大很多,因此在空心镍粉表面包覆钴层,会使矫顽力明显增强。磁化强度为单位体积内的磁矩矢量和,因此,饱和磁化强度与原子磁矩密切相关,镍和钴原子的磁矩分别 0.6 μB 和 1.7 μB,致使钴的饱和磁化强度比镍大,镍粉表面包覆钴层必然增强了其饱和磁化强度。磁滞回线显示的磁性能是镍球和钴层的复合结果,随着 Co 含量的增加,Co 的影响增强,使综合磁性能增强,即饱和磁化强度和矫顽力都增大。

### 6.4.2 还原剂浓度的影响

在制备钴表面改性镍空心粉过程中,增加化学镀液中还原剂浓度会引起钴层中的 P 和 Co 含量同时增加,第 5 章 5.4.2 节制备的样品 1～3 相应的还原剂浓度依次为 0.16,0.24 和 0.32 mol/L,在室温(300 K)测试了样品的磁滞回线,研究还原剂浓度对磁性能的样品,图 6-6 为测试结果。由图可以看出,样品 1～3 的饱和磁化强度逐步增强,因为还原剂浓度的增大也使 Co 的沉积量增加,促使饱和磁化强度增大,同时,Co 含量的增加也会增加矫顽力,但是从插图中可以看出,样品的矫顽力并没有随着 Co 含量的增加而增加,反而逐步减少,这是由于 P 含量的增加,降低了钴层的结晶度。当镀层中晶粒很粗大时,由于多磁畴的存在,矫顽力比较低,当晶粒降低接近单畴颗粒时,由于尺寸效应使各向异性增强,矫顽力增大,但当颗粒尺寸小于某一临界尺寸后,颗粒间交换耦合的存在使磁转换变得容易,矫顽力随粒径降低,Co 颗粒的临界尺寸为 20 nm 左右,而样品钴层中的晶粒都小于 10 nm,且

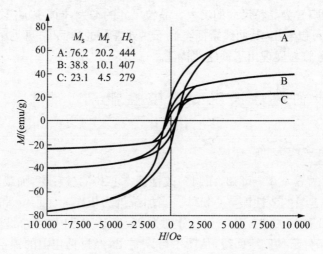

图 6-5　不同钴含量改性镍空心粉（300 K）的磁滞回线
A—28.2%；B—18.9%；C—10.4%

随 P 含量的增加逐步减小，因此引起矫顽力的减小。从图 6-6 的插图中可以看出，样品 3 在低磁场时，磁化强度出现了一个跳跃，这是因为样品中存在的缺陷或杂质对磁畴运动有钉扎作用[11]。其他两个样品没有出现这种现象，可能由于杂质相浓度相对较低的缘故。

## 6.4.3　络合剂浓度的影响

在制备钴表面改性镍空心粉过程中，通过调节络合剂的浓度，可得到不同形貌的钴层，利用 5.4.3 节中制备的样品 4～7，通过测量样品的磁滞回线，观察络合剂浓度对钴表面改性镍空心粉磁性能的影响，测试结果如图 6-7 所示。随着络合剂浓度的增加，沉积速度变缓，钴层的组成结构发生变化，由薄片状逐渐细化为短棒状，同时，钴的沉积量减小，钴的质量分数（%）依次为 18.96，12.52，9.84 和 5.24。钴含量的减少，使得粉体的磁性能减弱，饱和磁化强度 $M_s$、剩磁 $M_r$ 和矫顽力 $H_c$ 都逐步降低。另外，形貌的变化对磁性能也有所影响。当颗粒尺寸大于几个微米时，形状各向异性可以忽略，但如果颗粒尺寸小于微米量级，形状各向异性对磁性能的影响变得比较明显。钴层的组成结构远小于微米量级，因此其形状各向异性对其磁性能产生影响。球形颗粒没有形状各向异性，当形状向某一方向延展变为棒状时，就会产生形状各向异性，进一步变成片状，可近似为薄膜，形状各向异性表现更为突出，形状各向异性的增强使矫顽力有所增强。

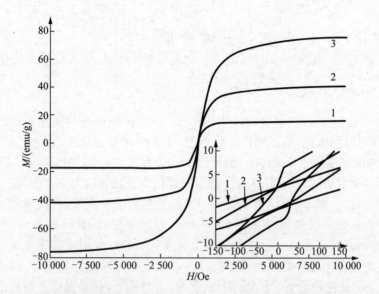

图 6-6　不同还原剂浓度制备的改性镍空心粉(300 K)的磁滞回线,插图为低磁场区曲线放大

1—0.16 mol/L; 2—0.24 mol/L; 3—0.32 mol/L

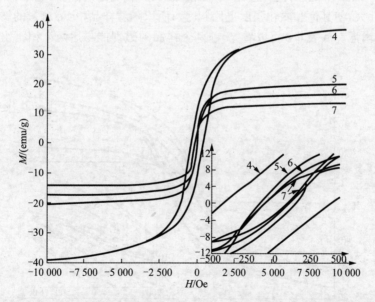

图 6-7　不同络合剂浓度制备的改性镍空心粉(300 K)的磁滞回线,插图为低磁场区曲线放大

4—0.15 mol/L; 5—0.20 mol/L; 6—0.25 mol/L; 7—0.30 mol/L

## 6.5　Ni-Co复合空心粉磁性能

### 6.5.1　Ni和Co成分比的影响

　　根据4.3.1节,改变制备溶液中$Ni^{2+}$和$Co^{2+}$比例就会改变复合空心粉中的Ni和Co成分比,因此,通过利用5种$Ni^{2+}$和$Co^{2+}$浓度比(4∶1、3∶2、1∶1、2∶3和1∶4)的溶液制备了5个样品,编号为1～5。在表6-2中,列出了通过EDX分析得到的样品中成分比(Ni∶Co),5个样品的镍钴含量比依次为20∶1、15∶1、6∶1、2∶1和1∶1.5。图6-8为5个样品在300K测量的磁滞回线,根据磁滞回线得到的复合空心粉的磁性能则是在表6-2列出。可以看出,随着样品中Co含量的增加,磁滞环不断被拓宽,矫顽力、剩余磁化强度和饱和磁化强度都逐步增加。通常定量测量磁晶各向异性的强度需要把样品在难磁化方向磁化到饱和,对于面心立方结构的Ni,易磁轴为<111>方向,难磁轴为<100>,在难磁化方向达到饱和相对比较容易,而Co是六方晶体,它的易磁方向是$c$轴,要想在基平面达到饱和是非常困难的[11],因此Co各向异性比Ni强很多,具有较高的矫顽力,同时,Co原子磁矩也比Ni大,使其饱和磁化强度也比Ni大,所以随着样品中Co含量的增加,引起磁性能的增强。从表6-2可以看出,前两个样品的磁性能与后两个相比明显较弱,

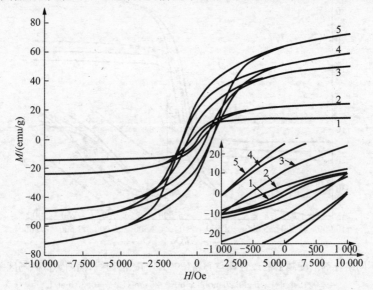

图6-8　不同成分比的Ni-Co复合空心粉(300 K)的磁滞回线,插图为低磁场区曲线放大
1—20∶1; 2—15∶1; 3—6∶1; 4—2∶1; 5—1∶1.5

除了较低的 Co 成分因素外,较高的 P 含量也是降低其磁性的原因。

表 6-2 不同 Ni、Co 成分比的 Ni-Co 复合空心粉的磁性能

| 样品 | 成分比/(Ni/Co) | $M_r$/(emu/g) | $M_s$/(emu/g) | $H_c$/(Oe) |
|---|---|---|---|---|
| 1 | 20:1 | 1.1 | 14.2 | 60.2 |
| 2 | 15:1 | 4.0 | 24.1 | 321.3 |
| 3 | 6:1 | 11.4 | 49.7 | 542.1 |
| 4 | 2:1 | 20.3 | 58.6 | 964.4 |
| 5 | 1:1.5 | 24.8 | 72.1 | 984.4 |

## 6.5.2 粒径的影响

由 4.3.2 节得知,在制备过程中,增加 NaOH 浓度会改变空心粉体的粒径,但当 NaOH 小于 1.6 mol/L 时,粒径变化不明显,而当大于 1.9 mol/L 后,由于粒径过小团聚严重,因此,我们选用了 1.6、1.7 和 1.8 mol/L 3 个浓度制备了不同粒径的复合空心粉,相应编号为 8～10,平均粒径分别为 1m、200 nm 和 80 nm。图 6-9 为不同粒径空心粉体在室温(300 K)的磁滞回线,可以看出,样品饱和磁化强度与粒径的关系同镍空心粉不同,并非逐步减少,而是先增后减,这可能是由于 Co 含量

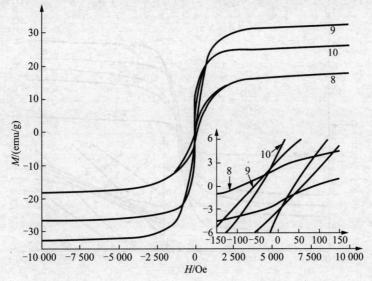

图 6-9 不同粒径的 Ni-Co 复合空心粉(300 K)的磁滞回线,插图为低磁场区曲线放大

8—1000 nm;9—200 nm;10—80 nm

的变化引起;而从图 6-9 中可知,矫顽力随粒径的减小而减小,与镍空心粉变化规律相同。

## 6.6 Ni-Fe$_3$O$_4$ 复合空心粉磁性能

### 6.6.1 Ni 和 Fe 成分比的影响

在室温(300 K)条件下,测试了 4.4.1 中制备的 5 个(编号 1~5)镍-四氧化三铁(Ni-Fe$_3$O$_4$)样品的磁滞回线,以研究成分比对磁性的影响。样品 1~5 中的Ni:Fe成分比分别为 9.9:1、5.1:1、2.8:1、0.8:1 和 0.25:1,他们的测试结果如图6-10 所示。可以看出,随着样品中磁铁矿含量的增加,饱和磁化强度变大。四氧化三铁为尖晶石结构[12],其分子式可写为 FeO·Fe$_2$O$_3$,单位结构中包含两个 Fe$^{3+}$ 和一个 Fe$^{2+}$,两个 Fe$^{3+}$ 离子的磁矩方向相反,相互抵消,因此磁铁矿(Fe$_3$O$_4$)单位静磁矩为 Fe$^{2+}$ 的磁矩 4 $\mu_B$,大于镍的单位磁矩 0.6 $\mu_B$,因此,磁铁矿的引入,增加了样品的饱和磁化强度。从图 6-10 中可以看出,剩余磁化强度和矫顽力同样随着磁铁矿含量的增加而增加,样品 1 的磁化曲线几乎成为一条曲线,这可能是较高的磷含量的缘故。磁铁矿的磁各向异性参数(室温,−0.011 MJ/m³,负号表示易磁化方向是一个平面)绝对值略大于镍(室温,−0.005 MJ/m³),表示矫顽力也比镍大,因此

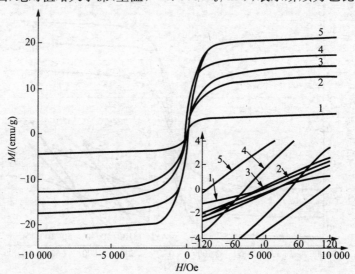

图 6-10 不同成分比的 Ni-Fe$_3$O$_4$ 复合空心粉(300 K)的磁滞回线,插图为低磁场区曲线放大
1—9.9:1; 2—5.1:1; 3—2.8:1; 4—0.8:1; 5—0.25:1

磁铁矿的引入,增大了样品的矫顽力。

### 6.6.2 粒径的影响

利用 4.4.2 节制备的不同粒径的 4 个样品(编号 6~9),观察粒径对复合空心粉静磁性能的影响,4 个样品平均粒径依次减小,分别为 500,400,250 和 100 nm。图 6-11 为不同粒径复合空心粉的磁滞回线,可以看出,饱和磁化强度变化规律与 Ni-Co 复合空心粉类似,随着磁铁矿含量的增加而增大。从图 6-11 可以看出,矫顽力随着粒径的减小而降低。

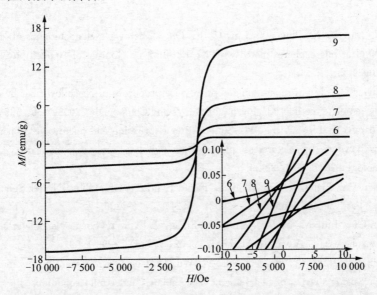

图 6-11  不同粒径的 $Ni-Fe_3O_4$ 复合空心粉(300 K)的磁滞回线,插图为低磁场区曲线放大

6—500 nm; 7—400 nm; 8—250 nm; 9—100 nm

## 6.7  本章小结

本章通过测量空心粉粉体的磁滞回线,研究了成分、形貌、粒径、温度等因素对非本征磁性能的影响,结果总结如下:

(1)空心镍粉的磁性能(包括饱和磁化强度、矫顽力和剩余磁化强度)随着粒径的减小而减弱;当测试温度升高时,热运动增强,降低了磁性能;通过高温热处理,可以增大样品的结晶度,使磁性能增强。

(2)通过包覆 Co,可以明显增强镍空心粉的磁性能,且随着 Co 沉积量的增加,磁性能增强;随着 Co 层中 P 含量的增加,降低了镀层结晶度,降低了样品的矫顽力;制备过程中,络合剂浓度的增加,使沉积速度减缓,Co 含量降低,使磁性能减弱。

（3）对于 Ni-Co 复合空心粉,Co 含量的增加,明显增强了样品的磁性能;但粒径的减小,只会降低矫顽力和剩余磁化强度。

（4）Ni-Fe$_3$O$_4$ 复合空心粉的磁性能随磁铁矿含量的增加而增强;粒径的减小同样使矫顽力降低。

# 参考文献

[1] Z. W. Liu, L. X. Phua, Y. Liu, C. K. Ong. Microwave characteristics of low density hollow glass microspheres plated with Ni thin-film[J]. Journal of Applied physics, 2006, 100: 093902.

[2] H. Zhang, Y. Liu. Preparation and microwave properties of Ni hollow fiber by electroless plating-template method[J]. Journal of Alloys and Compounds, 2008, 458: 588-594.

[3] H. Zhang, Y. Liu, Q. Jia, H. Sun, S. Li. Fabrication and microwave properties of Ni hollow powders by electroless plating and template removing method [J]. Powder Technology, 2007, 178: 22-29.

[4] J. Bao, Y. Liang, Z. Xu, L. Si. Facile Synthesis of Hollow Nickel Submicrometer Spheres, Advanced Materials[J]. 2003, 15(21): 1832-1835.

[5] Q. Liu, H. Liu, M. Han, J. Zhu, Y. Liang, Z. Xu, Y. Song. Nanometer-sized nickel hollow spheres[J]. Advanced Materials, 2005, 17(16): 1995-1999.

[6] M. Ning, H. Zhu, Y. Jia, H. Niu, M. Wu, Q. Chen. Synthesis of hollow microspheres of nickel using spheres of metallic zinc as templates under mild conditions[J]. Journal of materials Science, 2005, 40(16): 4411-4413.

[7] R. Skomski. Nanomagnetics[J]. Journal of Physics: Condensed Matter. , 2003, 15: R841-895.

[8] T. Lutz, R. Poinsot, J. L. Guille, C. Estournes. Nickel particles in soda-lime-silicate glass : Preparation and magnetic properties[J]. Journal of Non-Crystalline Solids, 2005, 351: 3023-3030.

[9] E. F. Kneller, F. E. Luborsky. Particle size dependence of coercivity and remanence of single-domain particles[J]. Journal of Appliced physics, 1963, 34: 656-658.

[10] D. J. Sellmyer, Y. Liu, D. Shindo. Handbook of Advanced Magnetic Materials. Beijing: Tsinghua University Press, 2005.

[11] R. C. 奥汉德利. 现代磁性材料原理和应用[M]. 北京:化学工业出版社,2002.

[12] R. S. 特贝尔, D. J. 克雷克. 磁性材料[M]. 北京:科学出版社,1979.

# 7 超细空心镍球的微波性能研究

## 7.1 引言

近年来,随着电子器件越来越多地应用于工业、商业,以及军事领域,电磁波辐射造成的电磁干扰(electromagnetic interference)也越来越成为一个严重的问题[1]。这些电磁干扰不仅会影响各种电子设备的正常运转,而且对长期处于电磁波辐射环境中的人的身体健康也有严重危害,以至被称为"电磁污染"。因此,世界各国先后制定了一系列有关电磁辐射的标准和规定,如美国联邦通信委员会制定了抗电磁干扰法规(FCC 法)和"Tempest"技术标准,其中 FCC 法规定频率大于 1 000 Hz 的电子装置要求有屏蔽保护,并持 EMI/RFI 合格方允许投放市场。我国也于 20 世纪 80 年代相继制定了《环境电磁波卫生标准》和《电磁辐射防护规定》等相关法规。国际无线电抗干扰特别委员会(CISPR)也制定了抗电磁干扰的国际标准。

在对降低电磁辐射,消除电磁干扰的研究中,一方面对电子器件的结构进行优化设计,另一方面就是将具有低反射和高吸收性能的电磁波材料应用到这些电子设备中,来保护这些电子器件不受外来电磁波的影响或减少其本身对外界的电磁辐射。这些能在一定频率范围内对电磁波进行吸收的材料引起了人们的广泛关注,而其中又以微波吸收材料研究得较多。之前的微波吸收材料的研究大多集中在有铁磁性质的金属氧化物铁氧体和一些过渡族金属 Fe、Co、Ni 及其合金[2-4]。近年来的研究表明一些具有铁磁性的超细结构如纳米粉末、超细纤维等也有较好的微波吸收性能[5-7]。而通过对一些具有特殊形态的超细粒子和结构进行表面金属化使其具有铁磁性也引起了研究者的广泛关注[9]。特别是具有空心特征的结构如纳米管[10]、超细空心球[11]等,在这些空心结构表面通过物理,化学方法镀覆一层具有铁磁性的金属,可以得到具有微波吸收性能的电磁材料。如陶瓷空心球的化学镀[9]、纳米碳管的金属化[12]。这种新型的材料具有比重小的特点,通过工艺控制可得到吸收频段宽的吸波材料,这在电子工业、航空航天、军事工业上具有广阔的应用前景。

而具有空心结构的铁磁性金属球与表面金属化的空心球相比在微波范围内有更大的介电损耗和磁损耗,因而可能有更好的电磁波吸收效果。而目前制备超细空心球大多为玻璃、陶瓷、半导体等,只有少量关于金属空心球制备的报道,而这些报道也都集中在贵金属的制备上[13-16],极少有关于铁磁性金属空心球的报道[17,18]。在前面的研究中,通过一种简单易行的自催化还原方法成功地制备出超细空心镍球。在此基础上,本章研究了这种空心镍球在微波频率范围的电磁性能,并对其微波吸收性能进行了初步的探索。

# 7.2    实验方法

## 7.2.1    动态电磁性能实验原理

利用传输/反射法研究粉体-粘结剂的微波电磁参数,其中同轴传输/反射法具有频带宽、简单且精度较高等特点而得到了广泛应用[19-21]。在该方法中,将待测材料样品置于同轴线中,通过自动矢量网络分析仪(VNA)测量样品区的散射参数,然后通过散射方程反演出材料电磁参数。同轴传输/反射法测量原理如图 7-1 所示。样品为粉体与聚乙烯缩丁醛(PVB)或石蜡按一定比例组成的混合物,通过模压法压制成同轴环状,内、外径分别为 3.00 mm 和 7.03 mm,厚度为 2.00 mm 左右,聚乙烯缩丁醛(PVB)或石蜡在此仅为粘结剂,对所研究材料的电磁性能影响可以忽略。测试在 Agilent E8362B 型网络分析仪上进行,频率范围为 2～18 GHz。

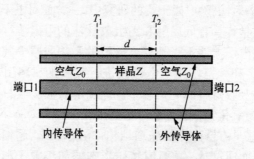

图 7-1    同轴传输/反射法测量示意图

图 7-1 中的结构系统可以等效为互易对称双端口微波网络[22](图 7-2),$S_{11}$、$S_{21}$、$S_{12}$ 和 $S_{22}$ 为双端口网络的 4 个 $S$ 参数,即散射参量;$b_1$ 和 $b_2$ 表示端口 1、2 上的所有出射波,$a_1$ 和 $a_2$ 表示端口 1、2 上的入射波。系统满足散射方程

$$\begin{bmatrix} b_1 \\ b_2 \end{bmatrix} = \begin{bmatrix} S_{11} & S_{12} \\ S_{21} & S_{22} \end{bmatrix} \begin{bmatrix} a_1 \\ a_2 \end{bmatrix} \tag{7-1}$$

式中:$S_{11}$ 和 $S_{22}$ 表征信号的反射系数,$S_{21}$ 和 $S_{12}$ 表征信号的传输系数。对于互易网络,$S_{11} = S_{22}$,$S_{21} = S_{12}$。

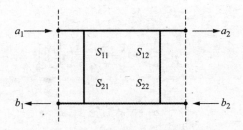

图 7-2  双端口网络示意图

平面波由自由空间投射到厚度为 d 的样品(电磁参数为 $\varepsilon_r$、$\mu_r$)表面时,会发生反射和入射,反射系数

$$\Gamma = \frac{Z - Z_0}{Z + Z_0} = \frac{\sqrt{\mu_r / \varepsilon_r} - 1}{\sqrt{\mu_r / \varepsilon_r} + 1} \tag{7-2}$$

其中:$Z_0$ 为同轴线空气段特征阻抗;$Z$ 为样品段特征阻抗,且 $Z = \sqrt{\mu_r / \varepsilon_r} Z_0$。入射波在介质传播过程中,会发生衰减,传输系数:

$$T = e^{-\gamma \cdot d} \tag{7-3}$$

其中:传输常数 $\gamma = j \dfrac{2\pi f}{c} \sqrt{\mu_r \varepsilon_r}$,c 为光在真空中的速度,f 为电磁波频率。矢量网络分析仪采用扫频方式测得的反射系数 $S_{11}$ 和传输系数 $S_{21}$ 是电磁波在样品中多次反射和透射的叠加。根据电磁场基础理论可以推出,双端口网络的 S 参数与材料反射系数 $\Gamma$ 和传输系数 T 的关系为[23,24]

$$S_{11} = \frac{(1-T)^2 \Gamma}{1 - \Gamma^2 T^2} \tag{7-4}$$

$$S_{21} = \frac{(1-T)^2 \Gamma}{1 - \Gamma^2 T^2} \tag{7-5}$$

令

$$V_1 = S_{21} + S_{11}$$
$$V_2 = S_{21} - S_{11} \tag{7-6}$$

则

$$X = \frac{1 - V_1 V_2}{V_1 - V_2} = \frac{1 - S_{21}^2 - S_{11}^2}{2 S_{11}} \tag{7-7}$$

可得到

$$\Gamma = X \pm \sqrt{X^2 - 1}$$
$$T = \frac{V_1 - \Gamma}{1 - V_1 \Gamma} \qquad |\Gamma| \leqslant 1 \tag{7-8}$$

定义

$$C_1 = \frac{\mu_r}{\varepsilon_r} = \left(\frac{1+\Gamma}{1-\Gamma}\right)^2$$

$$C_2 = \mu_r \varepsilon_r = -\left[\frac{c}{2\pi fd}\ln\left(\frac{1}{T}\right)\right]^2 \tag{7-9}$$

因此

$$\mu_r = \sqrt{C_1 C_2}$$

$$\varepsilon_r = C_2/C_1 \tag{7-10}$$

### 7.2.2　微波吸收原理

根据传输线理论,吸波材料与自由空间界面上的输入阻抗 $Z_{in}$ 由材料的特征阻抗 $Z_C$ 和终端阻抗 $Z_L$ 决定,垂直入射情况下[25]

$$Z_{in} = Z_C \frac{Z_L + Z_C \tanh(\gamma d)}{Z_C + Z_L \tanh(\gamma d)} \tag{7-11}$$

对于以金属为基板的单层涂层,由于理想金属电导率 $\sigma \to \infty$, $Z_L = 0$;特征阻抗 $Z_C$ 取决于材料的等效电磁参数,即 $Z_C = \sqrt{\mu_r/\varepsilon_r} Z_0$;传输常数 $\gamma = j\frac{2\pi fd}{c}\sqrt{\mu_r \varepsilon_r}$。由此可知·

$$Z_{in} = Z_0 \sqrt{\mu_r/\varepsilon_r} \tanh\left[j\left(\frac{2\pi fd}{c}\right)\sqrt{\mu_r \varepsilon_r}\right] \tag{7-12}$$

涂层反射系数为

$$\Gamma = \frac{Z_{in} - Z_0}{Z_{in} + Z_0} = \frac{\sqrt{\mu_r/\varepsilon_r} \tanh\left[j\left(\frac{2\pi fd}{c}\right)\sqrt{\mu_r \varepsilon_r}\right] - 1}{\sqrt{\mu_r/\varepsilon_r} \tanh\left[j\left(\frac{2\pi fd}{c}\right)\sqrt{\mu_r \varepsilon_r}\right] + 1} \tag{7-13}$$

通常用反射损耗 $RL$ 以分贝(dB)形式表示涂层吸波性能:

$$RL = 20\log(|\Gamma|) = 20\log\left(\left|\frac{Z_{in} - Z_0}{Z_{in} + Z_0}\right|\right) \tag{7-14}$$

对于由 $n$ 层不同介质组成的多层复合涂层[26-28],如图 7-3 所示,各层界面的输入阻抗分别为

$$Z_{in}^{(1)} = Z_0 \sqrt{\mu_r^{(1)}/\varepsilon_r^{(1)}} \tanh\left[j\left(\frac{2\pi fd^{(1)}}{c}\right)\sqrt{\mu_r^{(1)} \varepsilon_r^{(1)}}\right] \tag{7-15}$$

$$Z_{in}^{(2)} = Z_0 \sqrt{\mu_r^{(2)}/\varepsilon_r^{(2)}} \cdot \frac{Z_{in}^{(1)} + (Z_0 \sqrt{\mu_r^{(2)}/\varepsilon_r^{(2)}}) \tanh\left[j\left(\frac{2\pi fd^{(2)}}{c}\right)\sqrt{\mu_r^{(2)} \varepsilon_r^{(2)}}\right]}{Z_0 \sqrt{\mu_r^{(2)}/\varepsilon_r^{(2)}} + Z_{in}^{(1)} \tanh\left[j\left(\frac{2\pi fd^{(2)}}{c}\right)\sqrt{\mu_r^{(2)} \varepsilon_r^{(2)}}\right]} \tag{7-16}$$

...

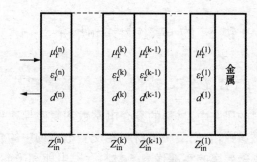

图 7-3　多层复合吸收涂层

$$Z_{\mathrm{in}}^{(k)} = Z_0 \sqrt{\mu_{\mathrm{r}}^{(k)}/\varepsilon_{\mathrm{r}}^{(k)}} \cdot \frac{Z_{\mathrm{in}}^{(k-1)} + (Z_0 \sqrt{\mu_{\mathrm{r}}^{(k)}/\varepsilon_{\mathrm{r}}^{(k)}}) \tanh\left[\mathrm{j}\left(\dfrac{2\pi f d^{(k)}}{c}\right)\sqrt{\mu_{\mathrm{r}}^{(k)}\varepsilon_{\mathrm{r}}^{(k)}}\right]}{Z_0 \sqrt{\mu_{\mathrm{r}}^{(k)}/\varepsilon_{\mathrm{r}}^{(k)}} + Z_{\mathrm{in}}^{(k-1)} \tanh\left[\mathrm{j}\left(\dfrac{2\pi f d^{(k)}}{c}\right)\sqrt{\mu_{\mathrm{r}}^{(k)}\varepsilon_{\mathrm{r}}^{(k)}}\right]}$$

$$(7\text{-}17)$$

……

反射损耗

$$RL = 20\log(|\Gamma|) = 20\log\left(\left|\frac{Z_{\mathrm{in}} - Z_0}{Z_{\mathrm{in}} + Z_0}\right|\right) \tag{7-18}$$

### 7.2.3　实验方法

　　采用同轴线法对镍球样品在微波频段的电磁参数进行了测量。对于粉末样品而言,压制成同轴试样时,会因为粉末间存在大量空隙而使得测试结果不能真实反应样品的本征特性,因此在制备同轴试样时通常将粉末与不吸收电磁波的树脂混合后压制成同轴环,这样可以利用网络分析仪测出混合体的电磁参数,再利用有效介质理论(Effective Medium Theory, EMT)可以求得粉末样品的本征电磁参数。

　　在本实验中,我们先将空心镍球与聚乙烯缩丁醛(PVB)按一定体积比均匀混合,然后将混合物填入模具中,在 70℃(PVB 的软化点为 60～65℃)下保温 1 h,并稍微加压,排掉样品中的气泡,使混合物密实。脱模后可得一个内径为 3.0 mm,外径为 7.0 mm 的同轴环状混合体试样,环的长度为 2～4 mm。再在 2～18 GHz 的频率下测量混合体样品的复介电常数和复磁导率,所用仪器为 Agilent E8362B PNA 网络分析仪。

## 7.3   超细空心镍球的电磁性能研究

### 7.3.1   空心镍球-PVB混合体的介电常数和磁导率

在微波吸收材料的研究中,材料的复介电常数和复磁导率是与微波吸收性能密切相关的两个电磁参数,它们反映了材料在交变电磁场中的介电性能和动磁性能。复介电常数和复磁导率的实部代表了材料存贮电能和磁能的能力,而虚部则代表了对电能和磁能的损耗能力。作为一种微波吸收体,通常希望材料拥有较大的复介电常数和复磁导率虚部。因此在实验中对空心镍球的复介电常数和磁导率进行了考察。

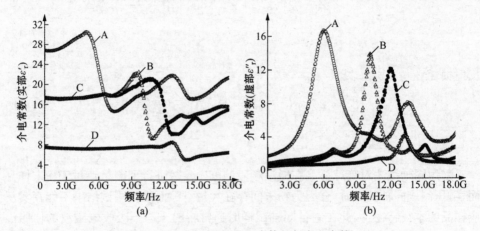

图 7-4   不同粒径镍球混合体的复介电常数

(a) 实部;(b) 虚部;A—2500 nm;B—1260 nm;C—500 nm;D—80 nm

将不同粒径的镍球分别与 PVB 按体积比 1:1 均匀混合后,制成同轴样品,对混合体在 2~18 GHz 频率范围进行微波测试,图 7-4 为测得不同粒径镍球混合体的复介电常数谱,图中(a)和(b)分别为混合体的介电常数实部 $\varepsilon_r'$ 和虚部 $\varepsilon_r''$。从图中可以看出,镍球混合体的的介电常数实部和虚部值随着镍球粒径的变小均有一定程度的下降,研究表明电导率较高的材料通常表现出较高的介电常数值[12],这说明随镍球的粒径减小其电导性有所下降。而在微波频率范围内,所测的镍球混合体的介电常数实部 $\varepsilon_r'$ 和虚部 $\varepsilon_r''$ 都出现了突变,这是一个典型的共振峰。研究表明,共振的出现与材料本征物理特性有关,如有文献报道,在导电纤维中产生的共振就与纤维的高电导所引起的趋肤效应有关,并且随着纤维直径的变化其共振效应也相应地发生改变[29]。在我们的研究中,镍球混合体介电常数的共振效应随镍球粒径的增大而有所增强,这在图 7-4 中可以明显地看出,这应当与镍球所引起的趋肤效应有关。同时在图中,纳米级镍球混合体的介电谱与微米和亚微米级镍球混合体有些不一样。对于纳米级镍球混合体,在整个频率范围内,只出现了一个共振峰,而微米和亚微米级镍球混合体则前后出现了一大一小的两个峰。

从图中还可以发现,对于不同粒径的镍球混合体而言,共振峰在微波频率范围内发生的位置也有所不同。在 Matitsine 等人[30]的研究中认为,对于产生共振的混合体来说,介电谱与混合物中导电材料的形状有很大关系,特别是一些具有各向异性的材料如纤维等,其介电常数与频率的关系可以通过 Lorentz 公式给出。Zabetakis 等人[8]通过尺寸型有效介质理论(The Scale Dependant Effective Medium Theory, SDEMT)得出了共振频率与纤维的有效长度 l 的关系:

$$l = \frac{c}{f_{res} \sqrt{\varepsilon_d}} \tag{7-19}$$

式中:$c$ 为光在真空中的速度,$f_{res}$ 为共振频率,$\varepsilon_d$ 为尺寸因子。由式(7-19)可知,有效长度与共振频率成反比关系。在我们的研究中,混合物中填充的是球形结构的空心镍球,因此其共振频率应当与镍球的粒径有一定关系。在表 7-1 中列出了不同粒径镍球-PVB 混合体的共振频率,由此可知,对于微米和亚微米级镍球混合体而言,随着镍球粒径的减小,混合体发生共振的第一个频率随之向高频率方向移动,这与式(7-19)中的有效长度与共振频率的关系一致,说明混合体的第一个介电共振频率应该是由镍球的空心结构和粒径所决定的。在表中也可以看出,介电谱中的第二个共振频率相对而言基本不发生变化。同时值得注意的是,对纳米镍球混合体,它的共振发生在微米和亚微米镍球混合体的第二个共振频率附近,而且其发生共振的幅度远大于其他混合体第二个共振的幅度,这说明纳米镍球混合体应该也产生两个共振,只是这两个共振频率产生了叠加,因而在介电谱上表现为只出现一个共振峰。这说明对于空心镍球混合体而言,引起两个共振的机理是不一样的,产生第一个共振是由于镍球的结构和尺寸效应,即混合体中导电空心镍球的粒径变化所引起的,而第二个共振则可能是由于镍球本征的特性所引起的。

从图 7-4(b)中还可以看出,对于不同粒径的镍球混合体,其介电常数虚部也随粒径的减小而减小,这说明粒径较大的镍球混合体有着更大的介电损耗。Yusoff[31]等认为介电损耗与材料的导电性、电子跃迁以及电偶极子弛豫有关,在我们的研究中,混合体的介电常数虚部随镍球粒径变化而改变应该是由于镍球导电性改变所致。

表 7-1　不同粒径镍球混合体的共振频率

| 样品编号 | A | B | C | D |
|---|---|---|---|---|
| 介电常数共振频率/GHz | $f_1=5.97$<br>$f_2=13.54$ | $f_1=10.14$<br>$f_2=13.83$ | $f_1=11.96$<br>$f_2=15.20$ | $f=13.28$ |
| 磁导率共振频率/GHz | $f_1=6.99$<br>$f_2=13.96$ | $f_1=10.82$<br>$f_2=13.84$ | $f_1=12.52$<br>$f_2=15.20$ | $f=13.79$ |

　　镍球-PVB复合体的复磁导率实部 $\mu_r{}'$ 和虚部 $\mu_r{}''$ 曲线如图 7-5(a)和(b)所示，同样，复磁导率在微波频率范围也出现了共振。研究认为[32]，混合体的磁导率在微波频段产生共振主要是由较低频率时的畴壁共振和高频时的自旋共振组成。Lax 等[33]认为，共振主要由材料的几个物理参数所决定，如各向异性系数 $K$，衰减常数 $\alpha$，饱和磁化强度 $M_s$ 以及混合物中颗粒的形状。

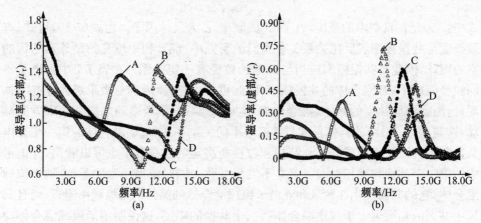

图 7-5　不同粒径镍球混合体的磁导率
(a) 实部；(b) 虚部；A—2500 nm；B—1260 nm；C—500 nm；D—80 nm

　　在我们的研究中发现，镍球混合体的磁导率发生共振的频率与介电常数共振频率相当接近(表 7-1)。其磁导率的第一个共振频率相对介电常数的共振频率 $f_1$ 稍向高频方向偏移，而且随着镍球粒径的减小，两者之差变小；对于第二个共振则与介电常数的共振频率 $f_2$ 基本处于同一频率附近，这说明介电常数的共振对混合体磁导率有相当大的影响。有研究者认为这种影响与混合体中导电物的团聚有关[34]，在我们研究的混合体中，镍球与 PVB 的体积比达到了 1∶1，这很可能使得颗粒之间发生团聚，从而使所测得的磁导率在很大程度上受介电常数的变化所影响，因此有必要研究混合体中镍球含量对其电磁性能的影响。

### 7.3.2  不同体积比对微米空心镍球-PVB混合体电磁性能的影响

由上述可知,体积比较高时可能会引起混合体中颗粒的团聚,从而影响所测量的磁导率和介电常数。为了进一步研究体积比对混合体电磁性能的影响,我们在实验中选择了编号为B的微米空心镍球制成混合体样品来考察不同体积比下其介电常数和磁导率的变化。

图7-6为微米镍球-PVB混合体在3种体积比下的介电常数和磁导率。可以看到随着混合体中镍球的体积比降低,混合体的介电常数也在减小,这说明由于镍球在混合体中的含量降低,使混合体的导电能力有所下降。但随体积比的变化,磁导率的变化则无明显规律。而在体积比为35%时,介电谱中仍出现了一大一小的两个共振峰,说明此时由镍球产生的趋肤效应仍在起作用,同时注意到其共振频率较体积比为50%时向高频方向偏移。而当体积比降至10%时,可以看到混合体的介电常数实部和虚部随频率的增加基本不发生变化,即保持为一常数,说明在这种

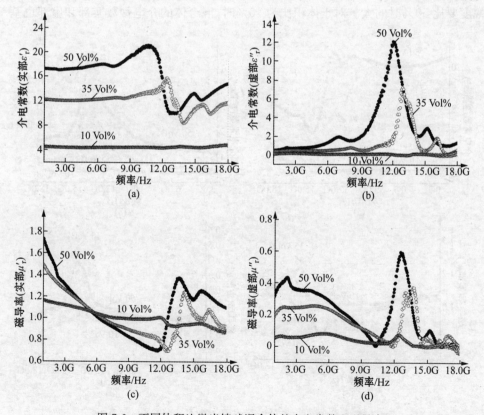

图7-6  不同体积比微米镍球混合体的介电常数和磁导率

体积比下,由于混合体中有导电性的金属镍球含量相当低,使得混合体的介电性已经接近绝缘体,介电常数实部和虚部在频率范围内基本保持不变,镍球介电性对磁导率的影响也大大降低。这时注意到镍球体积比为 10％的混合体磁导率实部有一小的突变,而其虚部则出现一个峰值,考虑到此时镍球的介电性已基本不对混合体磁导率产生影响,因此这个峰的出现应该是由镍球的磁性共振所引起的。

### 7.3.3　不同体积比对纳米空心镍球-PVB 混合体电磁性能的影响

同样将平均粒径为 80 nm(编号为 D)的空心镍球-PVB 在不同体积比下混合,进行了介电常数和磁导率的测量,如图 7-7 所示。和微米级镍球混合体一样,当混合体中纳米镍球的体积比降低时,混合体的介电常数随之减小,表明其导电性也在降低。同时注意到纳米镍球混合体的介电谱中只有一个共振峰出现,并且该峰的位置基本都出现在同一频率附近。而磁导率曲线随体积比减小,其变化无一定规律,从图中可以看出,体积比为 35％的混合体的磁导率在共振频率时发生共振的幅度要比 50％时的大。对于体积比为 10％时,混合体的介电常数实部和虚部也基

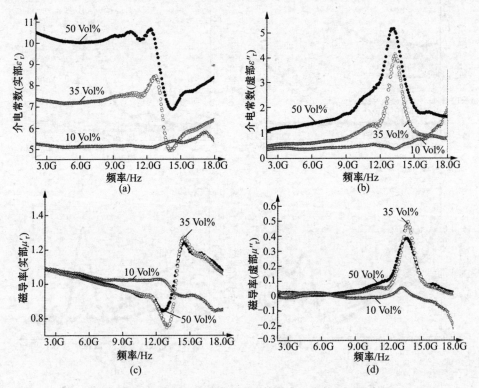

图 7-7　不同体积比纳米镍球混合体的介电常数和磁导率

本保持为一常数,同时其磁导率曲线也与微米镍球混合体的曲线一样,其实部出现了一小的突变,虚部则有峰值产生。只是其虚部值在 15 GHz 后出现了负值,这应该是测量误差所致。

## 7.3.4  空心镍球的本征磁性能分析

通过对不同体积比镍球混合体的电磁性能进行分析发现,对于体积比低的混合体,在其镍球介电性影响较低的情况下,磁导率曲线中仍出现了明显的共振现象,这就引起了我们对镍球磁性能进行进一步研究的兴趣。通常而言,在研究单一组分粉体的磁性能时,由于粉体颗粒之间存在为数众多的孔隙,这样测得的数值实际上是粉体与空气组成的混合体的性能,而不是粉体的本征性能,因此在测量过程中,通常将粉体与树脂等混合后进行性能测试,得到混合体的有效磁导率 $\mu_e$,再利用已有的该树脂的磁导率数据或在同等条件下测量纯的树脂的磁导率 $\mu_m$,就可用 Bruggeman 有效介质理论(EMT)[35,36]计算出粉体的本征磁导率为

$$\mu_i = \frac{\mu_e\left[2\mu_e + \mu_m(3p-2)\right]}{\mu_e(3p-1) + \mu_m} \tag{7-20}$$

采用 EMT 公式计算混合体中填充的粉体的磁导率时,要求其填充的体积比较小,以减少粉体颗粒之间团聚对测量结果的影响[37,38]。因此,我们采用了体积比为 10% 的镍球混合体的有效磁导率数据来计算镍球中的本征磁导率,所得结果如图 7-8 所示。

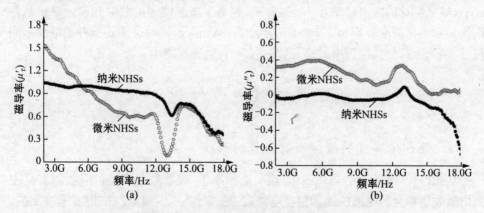

图 7-8  微米和纳米镍球的本征磁导率

从图中可以看出,相对于纳米镍球而言,微米镍球在微波频率范围内具有较大的磁导率虚部,同时其实部在频率高于 6 GHz 后也小于纳米镍球的磁导率实部。对于微波吸收材料,其磁损耗角正切的大小决定了材料对微波的吸收能力的强弱,而磁损耗角正切则是磁导率虚部与实部的比值,这说明微米镍球在 6 GHz 的频率

之后其磁损耗角正切要比纳米镍球的大,因而其在高频范围内的微波吸收性能比纳米镍球好。

同时注意到在两种不同粒径镍球的本征磁导率实部和虚部曲线均在 13 GHz 左右分别出现了波谷和峰值,这是一个明显的共振峰。在前面的分析中提到,在镍球混合体中的介电谱中出现了一大一小的两个共振峰,其中大的共振峰发生的频率随混合体中镍球粒径变化向高频方向移动,而另一个较小的共振峰的位置基本保持在 13 GHz 附近不变。这一频率与镍球的本征磁导率产生共振的频率基本一致,因此我们认为,在混合体的电磁参数图谱中出现的小的共振峰是由镍球的磁性共振所引起的,由于这个共振发生在较高的频率,这应当是由镍球中的电偶极子在电磁场中产生的自旋共振所引起。

Aharoni[38-40]等人对铁磁性微球的磁性共振进行了较深入的研究,提出了一种交互共振模式(Exchange Resonance Modes),并认为共振的发生频率 $\omega$ 与材料在静场下的磁性能及颗粒尺寸有关:

$$\pm \frac{\omega}{\gamma_0} = \frac{C\mu^2}{R^2 M_S} + H_0 - \frac{4\pi}{3}M_S + \frac{2K_1}{M_S} \qquad (7\text{-}21)$$

式中:$\gamma_0$ 为旋磁比;$C$ 为交互常数;$\mu$ 为特征向量值;$R$ 为颗粒直径;$M_S$ 为饱和磁化强度;$H_0$ 为外加磁场强度;$K_1$ 为磁晶各向异性常数。从式(7-21)中可以看出,颗粒粒径减小或材料的饱和磁化强度减小,都会使共振频率向高频方向移动。在我们所得的镍球的本征磁导率中也可以发现,微米镍球发生共振的频率为 12.96 GHz,纳米镍球的共振频率在 13.36 GHz,稍高于微米镍球的共振频率。对比两者的比饱和磁化强度分别为 5.89 emu/g 和 1.23 emu/g,同时考虑到两种镍球的不同尺寸,纳米镍球的共振频率较高,这与式(7-21)的表述基本一致。

## 7.4　超细空心镍球的微波吸收性能

### 7.4.1　混合体厚度对微波吸收性能的影响

从式(7-12)和(7-14)可以看出,在一定频率下,吸收层对微波的吸收的多少主要由吸收层本身的电磁性能即复介电常数、复磁导率以及吸收层的厚度来决定的。因此,对于一种电磁性能一定的材料,其厚度对微波吸收性能有着重要的影响。

我们将 4 种不同粒径的镍球与 PVB 所形成的混合体的复介电常数和复磁导率代入式(7-12)中,分别取不同的厚度值,再利用式(7-14)计算出了 4 种混合体在不同厚度下的微波反射损耗 $R_L$,如图 7-9 所示。

从图中可以看出,对于不同粒径的镍球混合体来说,随着吸收层厚度的变化,

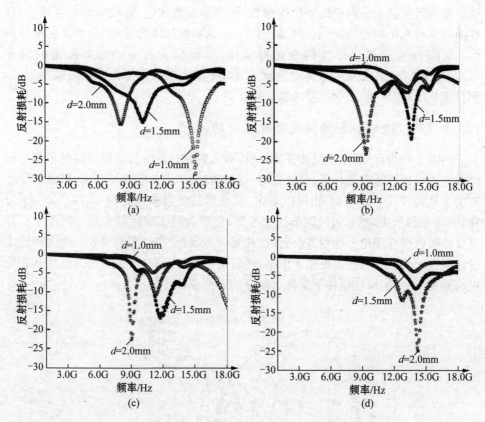

图 7-9  不同粒径镍球混合体在不同厚度下的微波反射损耗值

(a) 2500 nm;(b) 1260 nm;(c) 500 nm;(d) 80 nm

其对微波的吸收也有所变化。一般地,在 2~18GHz 频率范围内,随着吸收层厚度的增加,镍球混合体的最小反射损耗(即最大吸收值)$R_{Lmin}$ 也不断减小,如图 7-9(b)中样品 B 在厚度为 1.0 mm 时其最小反射损耗约为 $-5$ dB,在厚度为 1.5 mm 时 $R_{Lmin}$ 为 $-19$ dB,当厚度为 2.0 mm 时 $R_{Lmin}$ 降至 $-23$ dB。这在图 7-9(d)中纳米镍球混合体的反射损耗曲线中表现得尤为明显。但在图 7-9(a)中可以发现,对于样品 A 来说其反射损耗曲线并不遵循这一规律,当其厚度为 1.0 mm 时最小反射损耗约为 $-29$ dB,而在厚度为 1.5 mm 和 2.0 mm 时,其 $R_{Lmin}$ 均在 $-15$ dB 左右。

同时在图中也注意到,对于微米和亚微米镍球混合体,其出现最小反射损耗的频率随样品厚度的变化也发生改变,即随着样品厚度的增加,$R_{Lmin}$ 发生的频率也向低频方向移动。从式(7-12)和(7-14)也可以看出,要使微波在通过吸收层时达到最大的吸收效果,即反射损耗达到最小,就要求吸收层尽可能地实现阻抗匹配,即 $Z_{in}=1$,而对于电磁参数为定值的材料,要在微波吸收时达到阻抗匹配,其厚度与微波频率就应该为一对反向变化的参数,即当厚度增加时,微波频率应当减小,这在图 7-9(a)和 7-9(c)中得到了体现。但对于纳米镍球混合体,其最小反射损耗发生的频率没有随样品厚度的变化而变化,而是保持在一个相对固定的频率 14.2 GHz 附近。这说明吸收体对微波的吸收不仅与吸收层厚度和微波频率有关,而且还与吸收层中吸收剂本身的磁性能有关。

### 7.4.2　空心镍球混合体微波吸收性能的优化

由以上分析可知,作为微波吸收材料,对入射到材料中的微波的损耗不仅与材料本身的电磁性能密切相关,同时也与一些外在的因素如吸收层厚度,微波频率等有关。从式(7-12)和(7-14)也可以看出,吸收层的反射损耗是由 $\mu_r{}'$, $\mu_r{}''$, $\varepsilon_r{}'$, $\varepsilon_r{}''$, $f$ 和 $d$ 6 个参数所决定的,通过调节这些参数,使吸收层实现阻抗匹配,即 $Z_{in}=1$,就可以使吸收层在理论上达到零反射,也就是说,入射微波全部被吸收。这为理论上设计高性能的微波吸收体提供了依据,同时也可以对已有材料进行优化,使其在特定的频率,一定的厚度条件下发挥出较好的微波吸收性能。

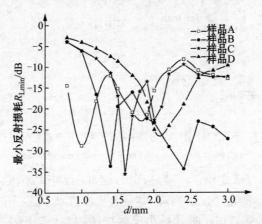

图 7-10　不同粒径镍球混合体的最小微波反射损耗值与厚度的关系

A—2 500 nm; B—1 260 nm; C—500 nm; D—80 nm

通常对于一种吸波材料,研究者习惯采用阻抗匹配图来获得单层吸收层的最佳阻抗匹配[41,42]。这种方法可以在图中快速地找出能够达到最小反射损耗的匹配厚度和匹配频率,但该法要求材料介电常数的损耗角正切为一常数,因此通常用于铁氧体和铁氧体混合体的匹配条件的设计。而在我们所测得混合体的复介电常数损耗角正切随频率变化而发生改变,因此在本文中,我们采用一种由 Kim 等人提出的方法[43]来实现阻抗匹配:先在频率 2~18 GHz 范围内通过式(7-12)和(7-14)计算出不同厚度 $d$ 下混合体层的反射损耗 $R_L$;对于一定的厚度,在整个频率范围内有一最小反射损耗值 $R_{Lmin}$，将这个最小反射损耗值与其对应的厚度绘制成曲线，如图 7-10 所示，即可得 $R_{Lmin}$ 和 $d$ 的关系图；这样，在 $R_{Lmin}$ 与 $d$ 的曲线中波谷最低点对应的 $R_{Lmin}$ 可以看作是在匹配条件下得到的最小反射损耗，这意味着此时吸收层有较好的吸收性能。而对于匹配条件下的最小反射损耗应当要低于 $-30\,dB$[43]，这样在图中样品 A 的两个最低点，样品 C 中的第二个最低点和样品 D 的最低点均不满足匹配条件。在此我们定义匹配厚度 $d_m$ 为最小反射损耗低于 $-30\,dB$ 时 $R_{Lmin}$ 与 $d$ 的曲线中波谷最低点对应的厚度，而相应的频率为匹配频率 $f_m$。对于样品 A，C 和 D 中不满足匹配条件的最低点对应的厚度，我们也称之为"匹配厚度"，并将它们列出来以便与其他样品进行对比，如表 7-2 所示。

从图中可以看出，对于微米和亚微米级空心镍球混合体来说，其最小反射损耗值与厚度的曲线出现了两个波谷，也就是说，它们存在两个匹配厚度，即当混合体制备成吸波涂层时，在这一厚度和频率下，能获得最好的微波效果。对于粒径为 $2.5\,\mu m$ 的镍球混合体，制备成厚度为 $1.0\,mm$ 的涂层，在频率为 $15.1\,GHz$ 时，吸收值可达 $28.8\,dB$；粒径为 $1.2\,\mu m$ 的镍球混合体，涂层厚度为 $1.4\,mm$ 和 $2.4\,mm$，频率分别为 $13.6\,GHz$ 和 $7.7\,GHz$，可达到 $33.6\,dB$ 和 $34.4\,dB$；而粒径为 $490\,nm$ 的镍球混合体涂层，在厚度为 $1.6\,mm$，频率为 $11.7\,GHz$ 时，吸收值可达 $35.5\,dB$；粒径为 $80\,nm$ 的镍球混合体制备成涂层，在厚度为 $2.0\,mm$，频率为 $14.2\,GHz$ 时，吸收值最高可达 $25.0\,dB$。同时从表 4-3 也可以看出，对于第一个匹配厚度，其匹配频率随镍球粒径的减小而向低频方向移动，而第二个匹配频率则不遵循这一规律，表现为先移向低频后移向高频。而纳米镍球混合体则只出现一个匹配厚度，并且其匹配频率也与前三种混合体的匹配频率无相关联系。这说明随着镍球粒径的减小，其对微波的衰减机理也有所不同，这可能与粒子的纳米效应有关。

表 7-2　不同粒径镍球混合体在匹配厚度下的匹配频率和最小反射损耗

| 样品编号 | A | | B | | C | | D |
|---|---|---|---|---|---|---|---|
| 匹配厚度/mm | $d_1=1.0$ | $d_2=1.9$ | $d_1=1.4$ | $d_2=2.4$ | $d_1=1.6$ | $d_2=2.0$ | $d=2.0$ |
| 匹配频率/GHz | $f_1=15.1$ | $f_2=8.4$ | $f_1=13.6$ | $f_2=7.7$ | $f_1=11.7$ | $f_2=9.0$ | $f=14.2$ |
| 最小反射损耗/dB | $-28.8$ | $-21.4$ | $-33.6$ | $-34.4$ | $-35.5$ | $-22.6$ | $-25.0$ |

对于给定的厚度，在一定频率范围内不仅有一最小反射损耗，同时还有一个频带宽度比：

$$\Delta W = \Delta f / f_0 \tag{7-22}$$

式中：$\Delta f$ 为式(7-12)和(7-14)计算得到的反射损耗 $R_L$ 曲线中，出现 $R_{Lmin}$ 的波谷中 $R_L$ 值小于 $-10\,dB$ 的频率跨度，$f_0$ 为中心频率。这样可以得到 $\Delta W$ 与厚度之间的关系曲线,如图 7-11 所示。通过对频宽比的分析,可以得到该吸收层在一定频率范围内对微波吸收的频带的宽窄程度,这也是衡量材料微波吸收性能好坏的一个重要参数。

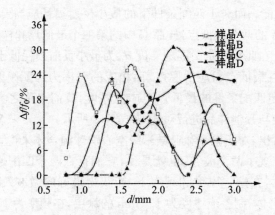

图 7-11　不同粒径镍球混合体在各种厚度下的频宽比

A—2 500 nm; B—1 260 nm; C—500 nm; D—80 nm

从图 7-11 中可以看出,样品 A 在厚度比较薄的情况下($d=1.0\sim2.0$ mm),有比较大的频宽比;而样品 D 只有在厚度为 $2.0\sim2.6$ mm 时才有较宽的吸收频带;样品 B 则在厚度大于 $1.3$ mm 后才有较宽的吸收频带。

综合以上分析可知,平均粒径为 $1.2\ \mu m$ 的空心镍球混合体无论是从最小反射损耗来看,还是从频宽比考虑,都是一种较好的微波吸收材料。而通过将几种不同粒径镍球混合体制备成多层吸收体,可望得到吸收性能更优的吸波材料。

# 7.5　本章小结

本章对自催化还原法制备的空心镍球进行了电磁性能分析,通过同轴线法测得了空心镍球混合体在微波频率范围的电磁参数,并利用相关公式对其本征磁导率和微波反射损耗进行了分析,重点研究了粒径对电磁性能和微波吸收性能的影响。可以得到以下几点结论:

(1) 对不同粒径镍球混合体的复介电常数谱进行分析可知,镍球混合体的介电常数实部和虚部值随着镍球粒径的变小均有一定程度的下降,表明随镍球的粒径减小其电导性有所下降。同时复介电谱中出现了典型的共振峰,并且共振效应随镍球粒径的增大而有所增强。纳米级镍球混合体在整个频率范围内,只出现了一个共振峰,而微米和亚微米级镍球混合体则前后出现了一大一小两个共振峰。

同时随着镍球粒径的减小,混合体发生共振的第一个频率随之向高频率方向移动,而第二个共振频率相对而言基本不发生变化。研究认为,产生第一个共振是由于镍球的结构和尺寸效应,即混合体中导电的空心镍球粒径变化所引起的,而第二个共振则是由于镍球本征的特性所引起。而纳米镍球混合体只出现一个共振,则是由于这两个共振频率发生了叠加,在介电谱上表现为一个共振峰。镍球复合体的复磁导率在微波频率范围也出现了共振,并且发生共振的频率与介电常数共振频率基本一致,表明所测得的磁导率在很大程度上受介电常数的变化所影响。

(2) 对不同体积比下粒径为 1.2 μm 和 80 nm 的空心镍球混合体的介电常数和磁导率的研究表明,随着混合体中镍球的体积比降低,混合体的介电常数减小。在体积比降至 10% 时,微米镍球混合体的介电常数没有出现共振峰,而是基本保持为一常数,而磁导率只出现一个较小的共振。对于体积比为 10% 的纳米镍球混合体,其介电常数实部和虚部也基本保持为一常数,同时其磁导率曲线也出现一个小的共振峰。研究认为体积比的减小使镍球的团聚减少,降低了混合体的导电性,使介电常数对磁导率的影响减小。

(3) 利用体积比为 10% 的镍球混合体的有效磁导率数据计算了微米镍球和纳米镍球的本征磁导率,相对于纳米镍球而言,微米镍球在微波频率范围内具有较大的磁导率虚部,同时实部在频率高于 6 GHz 后也小于纳米镍球的磁导率实部,表明微米镍球在 6 GHz 的频率之后具有更大的磁损耗角正切。同时两种不同粒径镍球的本征磁导率均在 13 GHz 左右出现了共振峰,与在镍球混合体介电谱中出现的第二个共振峰发生的频率基本一致,可以认为,这一共振峰是由镍球中的电偶极子在电磁场中产生的自旋共振所引起。而纳米镍球的共振频率 13.36 GHz 稍高于微米镍球的共振频率 12.96 GHz,与两者的饱和磁化强度和颗粒尺寸有关。

(4) 通过计算 4 种混合体在不同厚度下的微波反射损耗 $R_L$ 可知,随着吸收层厚度的增加,镍球混合体的最小反射损耗 $R_{Lmin}$ 不断减小。同时,对于微米和亚微米镍球混合体,其出现最小反射损耗的频率随样品厚度的增加也向低频方向移动。但对于纳米镍球混合体,其最小反射损耗发生的频率基本保持在一个相对固定的频率 14.2 GHz 附近。

(5) 通过对镍球混合体作为微波吸收层进行匹配厚度和匹配频率的分析可知,对于微米和亚微米级空心镍球混合体,出现两个匹配,在第一个匹配厚度下的匹配频率随镍球粒径的减小而向低频方向移动,第二个匹配频率则不遵循这一规律。而纳米镍球混合体则只出现一个匹配厚度。粒径为 1.2 μm 的镍球混合体,涂层厚度为 1.4 mm 和 2.4 mm,频率分别为 13.6 GHz 和 7.7 GHz 时,吸收值均可达到 33.6 dB 和 34.4 dB。同时通过对频宽比的分析,可知粒径为 2.5 μm 的镍球混合体在厚度 1.0~2.0 mm 时,有比较大的频宽比,而纳米镍球混合体在厚度为 2.0~

2.6mm 时有较宽的吸收频带,粒径为 $1.2\,\mu m$ 的镍球混合体则在厚度大于 1.3mm 后均有较宽的吸收频带。研究认为,平均粒径为 $1.2\,\mu m$ 的空心镍球混合体无论是从最小反射损耗来看,还是从频宽比考虑,都可以作为一种较好的微波吸收材料。

# 参考文献

[1] Li Z. W. , Chen L. , Wu Y. , et al. Microwave attenuation properties of W-type barium ferrite BaZn$_2$-xCo$_x$Fe$_{16}$O$_{27}$ composites[J]. J. Appl. Phys. , 2004, 96(1): 534-539.

[2] Bregar V. B. Advantage of ferromagnetic nanoparticle composites in microwave absorbers [J]. IEEE Trans. Magn. , 2004, 40: 1679-1684.

[3] Viau G. , Ravel F. , Acher O. , et al. Preparation and microwave characterization of spherical and monodisperse Co-Ni particles[J]. J. Magn. Magn. Mater. , 1995, 140-144: 377-378.

[4] Olmedo L. , Chateau G. , Deleuze C. , et al. Microwave characterization and modelization of magnetic granular materials[J]. J. Appl. Phys. , 1993, 73(10): 6992-6994.

[5] Ruan S. , Xu B. , Suo H. , et al. Microwave absorptive behavior of ZnCo-substituted W-type Ba hexaferrite nanocrystalline composite material[J]. J. Magn. Magn. Mater. , 2000, 212: 175-177.

[6] Wu M. , He H. , Zhao Z. , et al. Electromagnetic and microwave absorbing properties of iron fibre-epoxy resin composites [J]. J. Phys. D: Appl. Phys. , 2000, 33 (19): 2398-2401.

[7] Grimes C. A. , Dickey E. C. , Mungle C. , et al. Effect of purification of the electrical conductivity and complex permittivity of multiwall carbon nanotubes[J]. J. Appl. Phys. , 2001, 90(8): 4134

[8] Zabetakis D. , Dinderman M. , Schoen P. Metal-coated cellulose fibers for use in composites applicable to microwave technology[J]. Adv. Mater. , 2005, 17(6): 734-738.

[9] Kim S. S. , Kim S-T. , Ahn J-M. , et al. Magnetic and microwave absorbing properties of Co – Fe thin films plated on hollow ceramic microspheres of low density[J]. J. Magn. Magn. Mater. , 2004, 271 39-45.

[10] Steinhart M. , Jia Z. , Schaper A. K. , et al. Palladium Nanotubes with Tailored Wall Morphologies[J]. Adv. Mater. , 2003, 15(9): 706-709.

[11] Sun Y. , Xia Y. Shape-Controlled Synthesis of Gold and Silver Nanoparticles[J]. Science, 2002, 298: 2176-2179.

[12] Chen R. , Peng L. , Duan X. , et al. Microwave absorption enhancement and complex permittivity and permeability of Fe encapsulated within carbon nanotubes [J]. Adv. Mater. , 2004, 16(5): 401-405.

[13] Sun Y. , Mayers B. , Xia Y. Metal nanostructures with hollow interiors[J]. Adv. Mater. ,

2003，15(7-8)：641-646.

[14] Znang D.，Qi L.，Ma J.，et al. Synthesis of submicrometer-sized hollow silver spheres in mixed polymer-surfactant solutions[J]. Adv. Mater.，2002，14(20)：1499-1502.

[15] Kim S-W.，Kim M.，Lee W. Y.，et al. Fabrication of hollow palladium spheres and their successful application to the recyclable heterogeneous catalyst for suzuki coupling reactions [J]. J. Am. Chem. Soc.，2002，124(26)：7642-7643.

[16] Kawahash N.，Shiho H. Copper and copper compounds as coatings on polystyrene particles and as hollow spheres[J]. J. Mater. Chem.，2000，10(10)：2294-2297.

[17] Bao J.，Liang Y.，Xu Z.，et al. Facile synthesis of hollow nickel submicrometer spheres [J]. Adv. Mater.，2003，15(21)：1832-1835.

[18] Liu Q.，Liu H.，Han M.，et al. Nanometer-sized nickel hollow spheres[J]. Adv. Mater.，2005，17(16)：1995-1999

[19] 景莘慧，蒋全兴，基于同轴线的传输/反射法测量射频材料的电磁参数[J]. 宇航学报，2005，26(5)：630-634.

[20] 冯永宝，丘泰，传输/反射法测量微波吸收材料电磁参数的研[J]. 电波科学学报，2006，21(2)：293-297.

[21] 田步宁，杨德顺，唐家明，刘其中，传输/反射法测量材料电磁参数的研究[J]. 电波科学学报，2001，16(1)：57-60.

[22] 董树义，微波测量技术[M]. 北京：北京理工大学出版社，1990.

[23] A. M. Nicolson，G. F. Ross. Measurement of the Intrinsic Properties of Materials by Time-Domain Techniques[J]. IEEE transsations on instrumentation and measurement，1970，19(4)：377-382.

[24] W. B. Weir，Automatic Measurement of Complex Dielectric Constant and Permeability at Microwave Frequencies[J]. Proceedings of the IEEE，1974，62(1)：33-36.

[25] 车晔秋，吴晓光. 国外微波吸收材料[M]. 长沙：国防科技大学出版社，1992.

[26] 罗志勇，李月菊，罗祺. 微波吸收材料的计算机辅助设计[J]. 哈尔滨工业大学学报，2000，32(5)：132-137.

[27] 于涛，王崇愚，胡荣，泽. 涂层微波吸收材料的计算机模拟实验研究[J]. 金属功能材料，1994，(4)：18-22.

[28] 王立群，余大书，何聚，等. 吸波材料电磁参数的理论设计[J]. 天津师范大学学报(自然科学版)，2005，25(2)：54-57.

[29] Lagarkov A. N.，Saruchev A. K. Electromagnetic properties of composites containing elongated conducting inclusions[J]. Phys. Rev. B，1996 53(10)：6318-6336.

[30] Matitsine S. M.，Hock K. M.，Liu L.，et al. Shift of resonance frequency of long conducting fibers embedded in a composite[J]. J. Appl. Phys.，2003，94：1146-1154.

[31] Yusoff A. N.，Abdullah M. H.，Ahmad S. H.，et al. Electromagnetic and absorption properties of some microwave absorbers[J]. J. Appl. Phys.，2002，92(2)：876-882.

［32］Kwon H. J. , Shin J. Y. , Oh J. H. , The microwave absorbing and resonance phenomena of Y-type hexagonal ferrite microwave absorbers［J］. J. Appl. Phys. , 1994, 75(10): 6109-6111.

［33］Lax B. , Button K. J. Microwave ferrites and ferrimagnetics［M］, New York: McGraw-Hill, 1962.

［34］Rammal R. , Lubensky T. C. , Toulouse G. Superconducting networks in a magnetic field ［J］. Phys. Rev. B, 1983, 27: 2820-2829.

［35］Toneguzzo P. , Viau G. , Acher O. , et al. Monodisperse ferromagnetic particles for microwave applications［J］. Adv. Mater. ,1998, 10(13): 1032-1035.

［36］Musal H. M. Jr. , Hahn H. T. , Bush G. G. Validation of mixture equations for dielectric-magnetic composites［J］. J. Appl. Phys. , 1988, 27(12): 2396-2404.

［37］Wu M. , Zhang H. , Yao X. , et al. Microwave characterization of ferrite particles［J］. J. Phys. D: Appl. Phys. , 2001, 34: 889-895.

［38］Aharoni A. Exchange resonance modes in a ferromagnetic sphere［J］. J. Appl. Phys. , 1991, 69: 7762-7764.

［39］Aharoni A. Effect of surface anisotropy on the exchange resonance modes［J］. J. Appl. Phys. , 1997, 81(2): 830-833.

［40］Toneguzzo P. , Acher O. , Viau G. , et al. Observations of exchange resonance modes on submicrometer sized ferromagnetic particles［J］. J. Appl. Phys. , 1997, 81(8): 5546-5548.

［41］Musal H. M. Jr. , Hahn H. T. Thin-layer electromagnetic absorber design［J］. IEEE Trans. Magn. , 1989, 25: 3851-3853.

［42］Musal H. M. Jr. , Smith D. C. Universal design chart for specular absorbers［J］. IEEE Trans. Magn. , 1990, 26: 1462-1464.

［43］Kim D. Y. , Chung Y. C. , Kang T. W. , et al. Dependence of microwave absorbing property on ferrite volume fraction in MnZn ferrite-rubber composites［J］. IEEE Trans. Magn. , 1996, 32: 555-558.

# 8 磁性复合空心球的微波性能研究

## 8.1 引言

随着科学技术的发展,越来越多的电磁辐射设施进入了人类生活和生产的各个领域,使得各种频率、不同能量的电磁波充斥着地球的每一个角落。科技的飞速发展在给人类生活带来便利的同时,也带来了一些隐性的伤害。电磁辐射污染已成为继污水、废气及噪音污染之后的第四大污染,是世界公认的"隐形杀手",已被联合国人类环境会议列为必须控制的污染。采用吸波材料吸收电磁波能量,是减轻电磁辐射污染的有效途径之一。因此吸波材料的研究与开发,已经成为材料研究领域的重点之一。

材料的动态电磁性能(频谱)特性是指材料的复介电常数($\varepsilon = \varepsilon' - \varepsilon''$)和复磁导率($\mu = \mu' - \mu''$)随频率的变化关系,它们是材料电磁吸收性能的直接反映。复介电常数和复磁导率的实部代表材料对能量的存储能力,虚部则代表对能量的损耗性能。金属磁性粉如铁、钴、镍及其合金粉兼有自由电子吸波和磁损耗,磁导率、介电常数大,电磁损耗大,磁导率随频率上升而降低,有利于达到阻抗匹配和展宽吸收频带,再加上此类金属及合金温度稳定性好等优点,使其成为吸波材料的主要发展方向。但传统的金属磁性粉体因具有密度大的缺点,限制了在飞行器等要求低密度材料装置上的应用。因此,近年来,制备低密度吸波材料引起了研究人员的关注[1-7]。目前主要有两类制备轻质吸波材料的方法,一种是在空心玻璃球或陶瓷球表面包覆磁性薄膜,另一种是直接制备空心磁性粉体,相比之下,后者更有潜力降低密度,且粒径可以调控以调节电磁参数,达到最佳的电磁吸收效果。

磁性金属材料较高的导电性使其对电磁波的反射很强,因此,通常将磁性粉体分散在绝缘材料中,降低导电性,以提高其电磁波吸收能力。由前述可知,利用自催化还原法制备的空心镍粉的微波吸收性能与镍超细粉末[8]、包覆镍的粉体[9]和空心镍粉[7]相差无几,但是与国外报道的微波吸收材料[10]还有一定的差距。镍粉的微波吸收性能差,可能是其磁损耗低的缘故所致,文献中报道包覆 Ni-Co-P 的 SiC 粉末[11]具有较高的微波吸收性能(最小反射损耗为 $-32$ dB),这是因为 Co 的存在提高了磁损耗。为此,我们下一步将通过包覆钴对空心镍粉进行改性,以期获得良好的微波吸收性能。本研究工作中,不同的金属磁性空心粉被均匀分散在石蜡中,压制成同轴环状,然后测量同轴样品在 $2\sim18\,\mathrm{GHz}$ 频率范围内的电磁参数,并由此计算复合材料层的反射损耗,观察其微波吸收性能。本章主要研究磁性空心粉体的微波吸收性能,探讨结构、粒径和成分对材料电磁性能的影响,并优化设计吸波涂层,为实际应用提供理论参考。

## 8.2 钴表面改性镍空心粉的电磁性能

### 8.2.1 钴含量的影响

在制备钴表面改性镍空心粉的过程中,通过改变加载量,可以获得不同钴含量的改性镍空心粉。逐步增加加载量,获得了钴的质量分数(%)分别为 28.2,18.9 和 10.4 的 3 个样品(A~C)。图 8-1 显示了在微波频段样品复介电常数随频率的变化情况。与镍粉相比,包覆钴后,介电常数有所降低,这是由于网络状的钴层降低了导电性。随着钴含量的增加,网络结构增多,进一步降低导电性,使介电常数不断降低。从图 8-1(b)可以看出,与镍空心粉相比,钴表面改性镍空心粉的共振频率向低频移动,并随钴含量的增加,共振频率轻微移向低频。对于磁性电介质而言,由电偶极子取向所引起的介电共振频率可表示为[12]

$$f_{\mathrm{r}} = \frac{1}{2\pi\tau} = \frac{\omega_0}{2\pi^2} \cdot \frac{\varepsilon_\infty + 2}{\varepsilon_{\mathrm{s}} + 2} \mathrm{e}^{-\Delta E/(kT)} \tag{8-1}$$

其中:$\tau$ 为固有电偶极子取向极化弛豫时间;$\omega_0$ 为离子振动频率;$\varepsilon_\infty$ 为 $\omega\rightarrow\infty$ 时的介电常数;$\varepsilon_{\mathrm{s}}$ 为 $\omega\rightarrow0$ 时的介电常数;$k$ 为波尔兹曼常数;$\Delta E$ 为激活能,由晶体结构、电偶极子分布等决定。包覆钴后,由于钴晶体结构较强的各向异性,电偶极子翻转

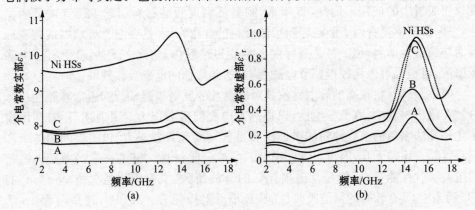

图 8-1　不同钴含量的钴表面改性镍空心粉和镍空心粉的复介电常数

(a) 实部; (b) 虚部; A—28.2%; B—18.9%; C—10.4%

激活能升高,从而使材料弛豫时间增加,引起共振频率略微降低。

图 8-2 为钴表面改性镍空心粉的复磁导率随频率变化曲线,可以看出随着频率的增加,复磁导率实部线性降低,而虚部则是在 5.6 GHz 附近出现共振峰。在微波范围内,铁磁共振损耗主要是包括自然共振和畴壁共振,由畴壁运动引起共振频率通常低于 2 GHz,而自然共振频率则可能比较高,因此 5.6 GHz 附近的共振峰由自然共振引起。根据铁磁理论,立方晶系铁磁体自然共振频率 $f_r$ 与各向异性场 $H_a$ 的关系为[12]

$$f_r = \gamma H_a / 2\pi \tag{8-2}$$

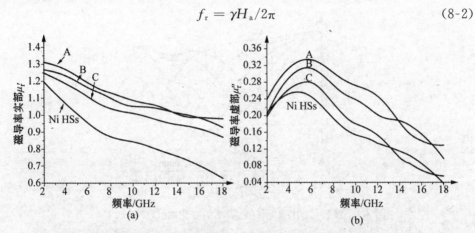

图 8-2　不同钴含量的钴表面改性镍空心粉和镍空心粉的复磁导率
(a) 实部;(b) 虚部;A—28.2%;B—18.9%;C—10.4%

其中:$\gamma$ 为旋磁比。可见,自然共振频率与各向异性场成正比,而各向异性场与矫顽力密切相关,根据式(8-2),自然共振频率仅与各向异性场相关,与其成正比关系,由 6.4.1 节可知,钴表面改性镍空心粉的矫顽力比镍粉大很多,各向异性场就比较大,因此共振频率比空心镍粉的共振频率 4.8 GHz 高。钴表面改性镍空心粉共振峰的位置介于空心镍粉(4.8 GHz)和钴纳米颗粒(6.5 GHz)[8-10]之间,是镍粉和钴层共同作用的结果。从图 8-2(a)可以看出,随着钴含量的增加,复磁导率的实部随之增大。根据铁磁理论,复磁导率实部近似正比于饱和磁化强度,与各向异性场成反比,而各向异性场与矫顽力成正比。根据 6.4.1 节所测的静磁性能,样品 A、B 和 C 的饱和磁化强度之间比例为 3.3∶1.7∶1,而矫顽力比例关系为 1.6∶1.5∶1,随着钴含量的增加,饱和磁化强度的增加幅度要比矫顽力大,因此导致复磁导率实部随钴含量增加而增加。在图 8-2(b)中,复磁导率虚部也是随着钴含量的增加而增加,由于虚部与磁损耗密切相关,可见钴含量的增加有利于材料的微波损耗。

利用图 8-1 和 8-2 中的电磁参数,计算了以金属板为衬底的单复合层的反射损耗。图 8-3 为样品 C 在不同厚度的反射损耗随频率的变化曲线。与空心镍粉的曲线类似,改性镍空心粉同样兼具介电损耗和磁损耗,相比之下,包覆钴的空心粉在较大厚度(≥2.5 mm)时的微波吸收能力并不理想,最大吸收在−11 dB 左右,这可能由于介电损耗较低的缘故。但是,但当涂层厚度为 2 mm 时,反射损耗要比镍大。可见,虽然包覆钴降低了介电损耗,但是增加了磁损耗,使钴表面改性镍空心粉的微波最大损耗比单纯空心镍粉强。

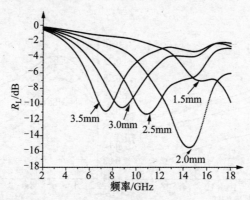

图 8-3　样品 C 的反射损耗随频率的变化曲线(C—10.4%)

### 8.2.2　还原剂浓度的影响

在制备过程中,还原剂浓度的增加会使钴表面改性镍空心粉中 P 含量和 Co 含量都有所增加,为了观察其对电磁性能的影响,我们选取了还原剂浓度依次为 0.16、0.24 和 0.32 mol/L 制备出的 3 个样品(编号为 1~3)进行对比。图 8-4 为以石蜡为基体的混合物的复介电常数。随着还原剂浓度的增加,P 含量增加,复介电常数的实部和虚部均增大。在微波频率内,多晶铁磁材料介电常数主要受固有电偶极子的取向极化和界面极化的影响,其中界面极化受铁磁体基体中杂质相浓度的影响,随杂质浓度的增加而增加。在钴表面改性镍空心粉中,P 相当于杂质相,P 的增多,导致界面极化增强,从而引起介电常数的增大。

图 8-5 为不同还原剂浓度制备出的钴表面改性镍空心粉的复磁导率随频率的变化关系。可以看出,样品 1~3 的复磁导率的实部和虚部都逐步增加。根据 6.4.2 节中描述的样品 1~3 的静磁能性质可知,随着制备过程中还原剂浓度的增大,使样品中的 P 含量增大,导致矫顽力的降低,但是同时由于 Co 含量的增加,引起饱和磁化强度的增大。而对于铁磁材料,复磁导率实部近似与饱和磁化强度成正比,与各向异性场成反比,而各向异性场与矫顽力成正比。因此,饱和磁化强度的增加和

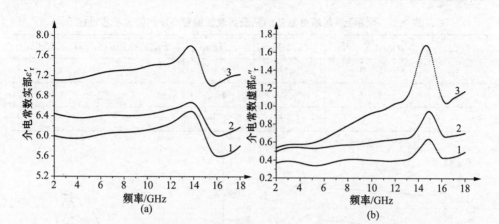

图 8-4 不同还原剂浓度制备的钴表面改性镍空心粉的复介电常数

(a) 实部；(b) 虚部；1—0.16 mol/L；2—0.24 mol/L；3—0.32 mol/L

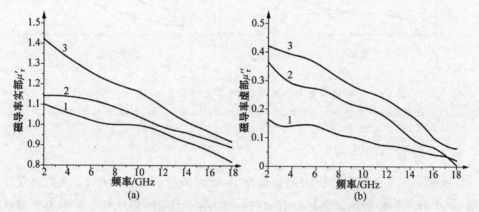

图 8-5 不同还原剂浓度制备的钴表面改性镍空心粉的复磁导率

(a) 实部；(b) 虚部；1—0.16 mol/L；2—0.24 mol/L；3—0.32 mol/L

矫顽力的降低，导致复磁导率的实部明显增大。从图 8-5(b) 可以看出，复磁导率的虚部随频率线性降低，并不存在明显的共振，这可能由于 P 的存在，致使矫顽力过低，使共振频率低于测试频率范围。

表 8-1 列出了样品 1～3 的微波吸收性能，包括最小反射损耗、相应的匹配频率、匹配厚度以及 10 dB 吸收带宽等。从表中可以看出，样品 1 和 2 的对微波的吸收能力并不太强，吸收带宽也很窄，这是因为样品 1 和 2 的介电损耗和磁损耗都比较低。而对于样品 3，介电损耗和磁损耗都明显大于前两个样品，因此有较大的微波损耗和吸收带宽。可见，较高的杂质相浓度，有利于提高材料的微波损耗能力。

表 8-1    不同还原剂浓度制备的钴表面改性镍空心粉的微波吸收性能

| 样品 | Minimal $R_L$/dB | $f_m$/GHz | $d_m$/mm | BandWidth/(GHz)(<10dB) |
|------|------------------|-----------|----------|------------------------|
| 1 | −10.9 | 14.9 | 2.3 | 1.0 |
| 2 | −11.7 | 6.4 | 4.4 | 1.1 |
| 3 | −20.1 | 14.5 | 1.9 | 3.9 |

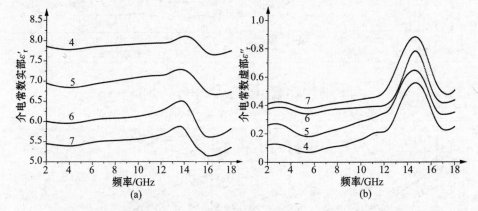

图 8-6    不同络合剂浓度制备的钴表面改性镍空心粉的复介电常数
(a) 实部；(b) 虚部；4—0.15 mol/L；5—0.20 mol/L；6—0.25 mol/L；7—0.30 mol/L

### 8.2.3    络合剂浓度的影响

在钴表面改性镍空心粉的制备过程中,随着络合剂浓度的增加,沉积速度变缓,钴层的组成结构发生变化,由薄片状逐渐细化为短棒状,同时,钴的沉积量减小。当络合剂浓度依次为 0.15,0.20,0.25 和 0.30 mol/L 时,所获得样品(编号 4~7)中钴的质量分数(%)依次为 18.96,12.52,9.84 和 5.24。为观察络合剂浓度对钴表面改性镍空心粉电磁性能的影响,将这 4 种粉体与石蜡混合,测试了混合物样品在微波频率内的电磁性能。在图 8-6 和图 8-7 显示了测试结果,前者为复介电常数随频率的变化关系,后者为复磁导率的。从图 8-6 中可以看出,对于样品 4~7,介电常数实部和虚部的变化规律正好相反,实部逐步降低,虚部则是升高。这可能是由于钴含量和形貌变化共同作用的结果。人们通常用损耗角正切 $\tan\delta_e = \epsilon''/\epsilon'$ 表示材料的介电损耗,可以明显看出,随着钴层形貌从由片状变为短棒状,介电损耗增强。

由图 8-7 可以看出,样品 4~7 的复磁导率的实部和虚部都逐步降低,这跟磁性能的变化规律基本一致,这是因为动态电磁性能与磁性能有密切关系。根据铁

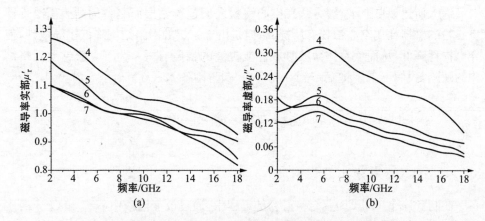

图 8-7　不同络合剂浓度制备的钴表面改性镍空心粉的复磁导率

（a）实部；（b）虚部；4—0.15 mol/L；5—0.20 mol/L；6—0.25 mol/L；7—0.30 mol/L

磁理论，复磁导率的实部可近似表示为 $4\pi M_s/H_a$，样品 4 的饱和磁化强度明显大于其他样品，因此其复磁导率实部也明显比较大。其他 3 个样品的磁性能相近，使它们的复磁导率曲线相差也比较小，特别是样品 6 和 7，它们的实部几乎重合。

　　利用图 8-6 和 8-7 中所测得的复介电常数和复磁导率，计算了不同样品的反射损耗，以观察钴层形貌对钴表面改性镍空心粉微波吸波性能的影响。样品反射损耗随厚度变化规律与图 5-7 所示的相同，这里不再重复。图 8-8 为包含不同样品的混合物层在厚度为 2 mm 时的反射损耗曲线，可以看出，样品 4~7 的最小反射损耗不断减小，且损耗峰向高频移动。钴层的形貌从短棒结构变为薄片，使材料的介电损耗降低，但是由于磁性能的增加，增强了磁损耗，使综合损耗增强，且拓宽了在较高损耗的带宽。

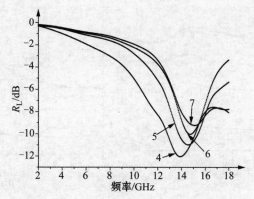

图 8-8　不同样品在厚度为 2 mm 时的反射损耗

4—0.15 mol/L；5—0.20 mol/L；6—0.25 mol/L；7—0.30 mol/L

综上所述,利用化学镀方法在空心镍粉表面包覆钴层而制备的钴表面改性镍空心粉的磁损耗比空心镍粉有所提高,但是由于钴层的网络结构降低了导电性,使介电损耗降低,从而使整体微波吸收性能提高的幅度有限。为了克服钴层网络结构的缺陷,我们下一步将 Co 与 Ni 复合在一起,制备 Ni-Co 复合空心粉。

## 8.3  Ni-Co 复合空心粉的电磁性能

### 8.3.1  Ni,Co 成分比的影响

在制备镍-钴(Ni-Co)复合空心粉的过程中,通过改变溶液中 $Ni^{2+}$ 和 $Co^{2+}$ 的比例,可以得到不同 Ni、Co 比例的空心镍粉,但是由于 Ni 的催化活性比 Co 强,因此空心粉中的 Ni、Co 含量比要大于溶液中 $Ni^{2+}$、$Co^{2+}$ 的浓度比。当制备溶液中$Ni^{2+}$:$Co^{2+}$ 比例为分别为 4:1、3:2、1:1、2:3 和 1:4 时,相应的空心粉中的 Ni:Co 为 20:1、15:1、6:1、2:1 和 1:1.5,其中前 4 个为球形,第 5 个为圆锥形,将这 5 种粉(编号依次为 1~5)与石蜡按照体积比 4:6 制备成混合物同轴样品,测试它们在 2~18GHz 频率范围内电磁性能,研究 Ni、Co 比例的影响。图 8-9 为 5 个不同 Ni、Co 比例样品的复介电常数,可以看出前 4 个样品的介电常数随 Co 成分的增加而增大,其中样品 3 和 4 之间的差别很小,频率较低时,两条曲线几乎重合。前 4 个样品中,Co 含量比 Ni 低,可以认为 Co 颗粒分散在 Ni 基体中,随着 Co 含量的增加,界面极化增强,促进介电常数的增加。而对于样品 5,Co 成为基体,Ni 成了分散体,尽管 Ni、Co 比例很高,但是由于粒径的增大,反而使介电常数降低,使其介电

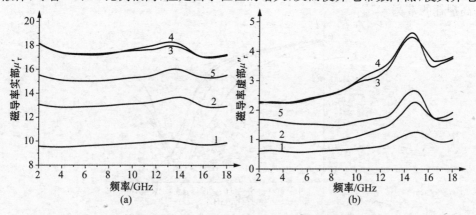

图 8-9  不同 Ni、Co 比例的 Ni-Co 复合空心粉的复介电常数
(a) 实部;(b)虚部;1—20:1;2—15:1;3—6:1;4—2:1;5—1:1.5

常数低于样品 3 和 4。由图 8-9(b)看出,在 14.7GHz 附近出现了共振峰,与 Co 包覆 Ni 粉的共振峰位置相同,说明 Co 的存在使共振峰比 Ni 低。与 Co 表面改性 Ni 空心粉相比,Ni-Co 复合空心粉的介电常数无论实部和虚部都比较高,尤其是虚部的提高,将会增强材料介电损耗。图 8-10 显示了 Ni,Co 比例对复合空心粉复磁导率的影响,可以看出,复磁导率随钴含量的变化与复介电常数类似,前 4 个样品的复磁导率随 Co 成分比例的增加而增大,样品 5 则略微降低。与钴表面改性镍空心粉相比,Ni-Co 复合空心粉的复磁导率的实部在 Co 含量高的时候略有提高,但虚部则没有明显提高,这说明复合空心粉的磁损耗几乎没有改善。由图 8-10(b)可以看出,样品 1 没有出现共振峰,这是由于其矫顽力过低,共振峰的位置低于 2GHz。

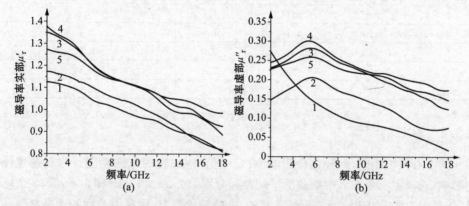

图 8-10 不同 Ni、Co 比例的 Ni-Co 复合空心粉的复磁导率
(a)实部;(b)虚部;1—20∶1;2—15∶1;3—6∶1;4—2∶1;5—1∶1.5

图 8-11 为根据实测的复介电常数和复磁导率计算的样品 3 在不同厚度时的反射损耗。可以看出,随着混合物层厚度的增加,反射损耗曲线的峰的位置向低频移动,且越来越尖锐,而峰值先增后减,在厚度为 3.0 mm 时出现极小值

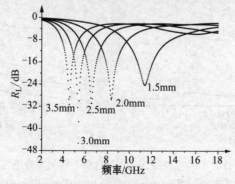

图 8-11 样品 3 在不同厚度时的反射损耗随频率的变化曲线(3—6∶1)

（－45.3 dB）。表 8-2 列出了样品 1～5 的微波吸收性能，包括最小反射损耗、相应的匹配频率、匹配厚度以及 10 dB 吸收带宽等。样品 1 和 2 由于介电损耗和磁损耗都比较低，使总体损耗也比较低；样品 3 和 4 在较低频段具有很高的损耗，相应的匹配厚度比较大，高损耗对应的频率带很窄；样品 5 在高频具有比较好的微波吸收能力，且带宽比较大。根据式（7-14），反射损耗 $R_L=-20$ 对应的微波吸收可达 99%，通常认为反射损耗小于－20 dB 的材料具有理想的微波吸收能力，因此，样品 3,4 和 5 可以作为理想的微波吸收材料。

**表 8-2　不同成分比的镍钴复合空心粉的微波吸收性能**

| 样品 | Minimal $R_L$/dB | $f_m$/GHz | $d_m$/mm | BandWidth/(GHz)(<10dB) |
|---|---|---|---|---|
| 1 | －9.4 | 14.5 | 1.7 | — |
| 2 | －18.8 | 14.6 | 1.5 | 3.6 |
| 3 | －45.3 | 5.3 | 3.0 | 1.4 |
| 4 | －41.0 | 4.6 | 3.4 | 1.3 |
| 5 | －36.9 | 14.4 | 1.3 | 4.1 |

### 8.3.2　粒径的影响

同空心镍粉相同，粒径也会影响 Ni-Co 复合空心粉的电磁性能。为观察粒径的影响，选择了 4.3.2 节中制备的平均粒径分别为 1 μm、200 nm 和 80 nm 的 3 个样品（编号依次为 8,9 和 10）与石蜡按照 4∶6 体积比混合，测量混合物的动态电磁参数。图 8-12 为样品的复介电常数曲线，可以看出，随着粒径的减小，复介电常数的实部和虚部均增大，这是由于粒径的减小使界面极化增强的缘故。与镍空心粉相

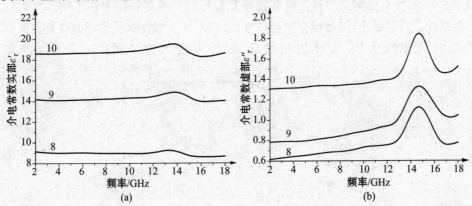

**图 8-12　不同粒径的 Ni-Co 复合空心粉的复介电常数**
(a) 实部；(b) 虚部；8—1 000 nm；9—200 nm；10—80 nm

比,Ni-Co 复合空心粉内除了晶粒之间存在界面外,不同成分之间也存在界面,这使界面极化影响更大,因此 Ni-Co 复合空心粉的复介电常数要比镍空心粉的大。图 8-1 和图 8-12 中相同粒径的空心粉的复介电常数比较接近,是因为复合空心粉在混合物中占的比例(40%)比镍空心粉占的比例(50%)低。

图 8-13 显示了不同粒径 Ni-Co 复合空心粉与石蜡混合物的复磁导率,可以看出,复磁导率的实部和虚部均随着粒径的减小而降低,这和空心镍粉的变化规律相同。在 8-13(b)中,样品 8 和 9 的曲线上有共振峰出现,但后者的峰位置较前者向发生低频移动,这是由于粒径的减小使矫顽力减少,使共振峰频率降低。样品 10没有峰出现,则是由于共振频率低于测试频率范围。

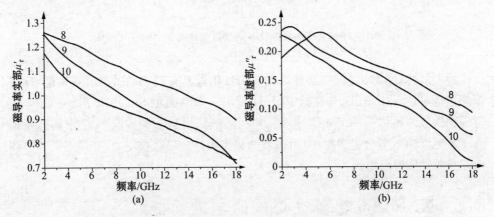

图 8-13　不同粒径的 Ni-Co 复合空心粉的复磁导率
(a) 实部;(b) 虚部;8—1 000 nm;9—200 nm;10—80 nm

在图 8-14 中,显示了包含样品 9 的混合物层在不同厚度时的反射损耗曲线,可以看出,微波吸收峰的位置随厚度的增大而向低频移动,且越来越尖锐,峰值则是越来越低,说明在低厚度时,涂层有较好的微波吸收能力。表 8-3 列出了不同粒径的 Ni-Co 复合空心粉的微波吸收性能,可以看出在粒径比较大时(样品 8 和 9),最小反射损耗位于高频区,匹配厚度比较小,在较宽的频率范围内有比较高的微波损耗。而粒径降低到 80 nm 时(样品 10),对微波的吸收能力要高于大粒径的粉体,在低频吸收能力好,但匹配厚度比较大,高吸收频带也比较窄。

表 8-3　不同粒径的 Ni-Co 复合空心粉的微波吸收性能

| 样品 | Minimal $R_L$/dB | $f_m$/GHz | $d_m$/mm | BandWidth/(GHz)(<10dB) |
|------|------------------|-----------|----------|------------------------|
| 8 | −16.7 | 14.6 | 1.8 | 3.4 |
| 9 | −16.5 | 13.7 | 1.5 | 3.5 |
| 10 | −20.7 | 5.5 | 3.1 | 1.0 |

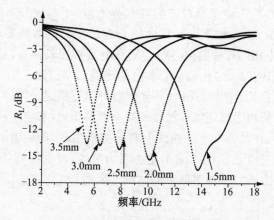

图 8-14　样品 9 在不同厚度时的反射损耗随频率的变化曲线

9—200 nm

综上所述,Ni-Co 复合空心球可在 5 GHz 附近具有理想的微波吸收性能,反射损耗最低可达－45.3 dB,与文献中报道的 Ni-Co-P 包覆的 SiC 粉末[13]、Ni-Co-P 包覆的锶铁氧体粉体[17] 和 Fe-Co 包覆的空心镍球[5]相比,微波吸收性能都有所提高。可见,将 Co 复合进镍粉中,可以有效提高粉体的磁吸收能力,并最终使其整体微波吸收性能得以增强。

# 8.4　Ni-Fe$_3$O$_4$复合空心粉的电磁性能

## 8.4.1　Ni、Fe 成分比的影响

与 Ni-Co 复合空心粉相似,在制备镍-四氧化三铁(Ni-Fe$_3$O$_4$)复合空心粉的过程中,增加制备溶液中的 Fe$^{2+}$ 离子的浓度比例会改变复合空心粉中的 Fe$_3$O$_4$ 含量。由于通过 EDS 无法直接测 Fe$_3$O$_4$ 含量,因此其含量通过 Fe 元素表示。如 4.4.1 节所述,当溶液中 Ni$^{2+}$：Fe$^{2+}$浓度比分别为 4：1、3：2、1：1、2：3 和 1：4 时,相应的空心粉(编号为 1～5)中的 Ni：Fe 为 9.9：1、5：1、2.8：1、0.9：1 和 0.3：1。在 2～18 GHz 的频率范围内,测试了复合空心粉与石蜡混合物(体积比为 4：6)的电磁性能。图 8-15 为样品的复磁导率随频率的变化曲线,可以看出,随着 Fe$_3$O$_4$ 含量的增加,复介电常数的实部和虚部逐渐降低,这可能由于 Fe$_3$O$_4$ 的加入导致了粉体导电性减弱。与空心镍粉相比,磁铁矿的引入对复介电常数实部影响不大,但是虚部却明显增大,可见磁铁矿的引入有利于增加介电损耗。在图 8-15 (b)中,各样品在 14.4 GHz 附近出现了共振峰,与 Ni-Co 复合空心粉类似,由于磁

铁矿的掺入,引起共振频率较空心镍粉降低。

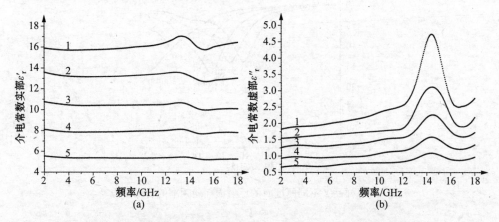

图 8-15　不同镍铁成分比的 Ni-Fe$_3$O$_4$ 复合空心粉的复介电常数

(a) 实部;(b) 虚部;1—9.9∶1;2—5.1∶1;3—2.8∶1;4—0.8∶1;5—0.25∶1

图 8-16 显示了 Fe$_3$O$_4$ 含量对 Ni-Fe$_3$O$_4$ 复合空心粉复磁导率的影响。从图 8-16(a)可以看出,Fe$_3$O$_4$ 含量对复磁导率实部的影响在不同频段变化规律不同。随着 Fe$_3$O$_4$ 含量的增加,磁导率实部在较低频率(<5 GHz)时先减后增,而在较高频率则是逐步增加。在图 8-16(b)中,各样品的复磁导率虚部出现了共振峰,且共振峰的位置随着 Fe$_3$O$_4$ 含量的增加而向高频偏移,这是因为样品的矫顽力在不断增加。

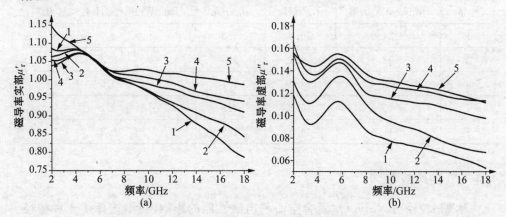

图 8-16　不同镍铁成分比的 Ni-Fe$_3$O$_4$ 复合空心粉的复磁导率

(a) 实部;(b) 虚部;1—9.9∶1;2—5.1∶1;3—2.8∶1;4—0.8∶1;5—0.25∶1

根据所测的电磁参数,计算了单层混合物层的反射损耗,观察样品的微波损耗性能。图 8-17 为样品 2 在不同厚度时的反射损耗曲线,可以看出随着厚度的增

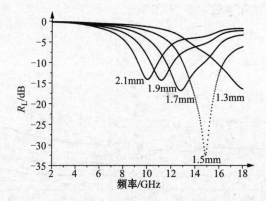

图 8-17　样品 2 不同厚度时的反射损耗随频率的变化曲线
2—5.1∶1

加,最小反射损耗先增后减,当厚度为 1.5 mm 时,反射损耗在 14.9 GHz 达到了最小值 32.4 dB。可见样品 2 在低厚度时具有很强的微波吸收性能。样品 1~5 的最小反射损耗、相应的匹配厚度和匹配频率以及小于－10 dB 的带宽等微波损耗性能在表 8-4 中列出。随着复合空心粉中铁磁矿的增加,磁损耗增加,但介电损耗降低,因此样品 2 对微波的综合损耗达到了最高。样品 1~5 的匹配频率集中在 15 GHz 附近,可见介电损耗是综合损耗中的主体,另外匹配厚度呈逐步增大的趋势。

表 8-4　不同镍铁比的 Ni-Fe₃O₄ 复合空心粉的微波吸收性能

| 样品 | Minimal $R_m$/dB | $f_m$/GHz | $d_m$/mm | BandWidth/(GHz)(<10dB) |
| --- | --- | --- | --- | --- |
| 1 | −24.9 | 15.8 | 1.3 | 4.0 |
| 2 | −32.4 | 14.9 | 1.5 | 3.3 |
| 3 | −22.4 | 14.4 | 1.7 | 3.5 |
| 4 | −15.8 | 14.6 | 1.9 | 3.1 |
| 5 | −11.9 | 14.5 | 2.3 | 2.2 |

### 8.4.2　粒径的影响

为观察粒径对 Ni-Fe₃O₄ 复合空心粉电磁性能的影响,我们选择了 4 种粒径(分别为 500,400,250 和 100 nm)的样品进行对比,样品编号为 6~9。图 8-18 显示了粒径对粉体-石蜡混合物复介电常数的影响,可以看出,与空心镍粉类似,粒径的减小使晶界和缺陷增多,增强了界面极化,从而使 Ni-Fe₃O₄ 复合空心粉复介电常数的实部和虚部均不断增大。但是与相同粒径的空心镍粉相比,复合空心粉的复介电常数虚部要大很多,可见少量磁铁矿的掺入会明显提高介电损耗。

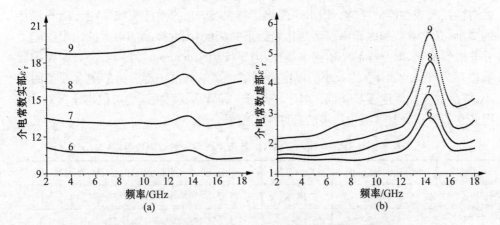

图 8-18　不同粒径的 Ni-Fe$_3$O$_4$ 复合空心粉的复介电常数
(a) 实部;(b) 虚部;6—500 nm;7—400 nm;8—250 nm;9—100 nm

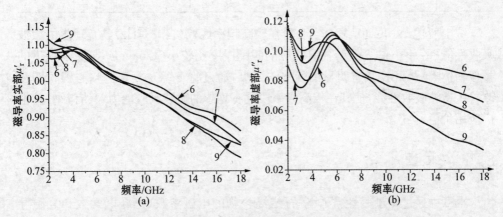

图 8-19　不同粒径的 Ni-Fe$_3$O$_4$ 复合空心粉的复磁导率
(a) 实部;(b) 虚部;6—500 nm;7—400 nm;8—250 nm;9—100 nm

　　图 8-19 为不同粒径的 Ni-Fe$_3$O$_4$ 复合空心粉的复磁导率随频率的变化曲线。从图 8-19(a)中可以看出,由于样品 6～9 粒径差别比较小,因此不同样品的复磁导率实部间差别也比较小,尤其样品 8 和 9 的曲线大部分几乎重合。随着粒径的减小,Ni-Fe$_3$O$_4$ 复合空心粉磁导率实部在低频(<5 GHz)区呈增大的趋势,而在高频则是逐步降低。粒径对复磁导率虚部的影响与实部很相似(图 8-19(b)),低频区磁导率虚部随粒径的减小呈上升趋势,而在高频则为不断减小。对于样品 6～9,由自然共振引起的共振峰的峰位随粒径的减小而向低频移动,从 6.1 GHz 移到了5.1 GHz,这是由粉体矫顽力不断减小所导致。

根据所测的电磁参数,计算了以金属为基板的混合物层的反射损耗,以研究粒径对微波吸收性能的影响。表 8-5 列出了样品 6～9 的微波吸收性能。随着粒径的减小,介电常数和磁导率虚部变化趋势正好相反,因此样品的对微波的吸收能力并非线性变化,而是样品 7 达到了最强,当厚度为 1.5 mm 时,在 14.8 GHz 处的反射损耗为 −42.2 dB,在比较小的厚度达到了很高的微波损耗。另外随着粒径的减小,样品的匹配厚度逐步降低。对于样品 6～9,最小反射损耗均可以小于 −20 dB,因此它们有作为微波吸收材料的良好应用前景。

表 8-5　不同粒径的 Ni-Fe$_3$O$_4$ 复合空心粉的微波吸收性能

| 样品 | Minimal $R_L$/dB | $f_m$/GHz | $d_m$/mm | BandWidth/(GHz)(<10dB) |
| --- | --- | --- | --- | --- |
| 6 | −34.2 | 14.2 | 1.7 | 3.5 |
| 7 | −42.2 | 14.8 | 1.5 | 3.5 |
| 8 | −24.9 | 15.8 | 1.3 | 4.0 |
| 9 | −27.8 | 15.6 | 1.2 | 3.3 |

综上所述,Ni-Fe$_3$O$_4$ 复合空心粉在较高频率区域(14.8 GHz)具有理想的微波吸收性能($R_L$=−42.2 dB),而且相应的匹配厚度比较小(1.5 mm),与文献报道的类似粉体[3,18,19]相比具有明显的优势。可见,通过将 Fe$_3$O$_4$ 复合进空心镍粉明显改善了微波吸收性能,使其在较高频率段具有理想的微波吸收能力,具有较好的推广应用价值。

# 8.5　本章小结

本章中通过测量磁性空心粉-石蜡混合物的电磁参数(复介电常数和复磁导率),研究了成分、粒径、形貌等因素对磁性空心粉的电磁性能的影响,进一步通过计算混合物层的反射损耗,探讨磁性空心粉体的微波吸收性能。研究结果表明,通过包覆和复合,可提高镍空心粉的微波吸收性能,获得理想的吸波材料。主要内容可以总结为以下几点:

(1) 对于空心镍粉,随着粒径的减小,介电常数逐步增加,而磁导率则逐步减小,另外,在 15 GHz 附近介电谱线上出现了由固有电偶极子取向极化引起的共振峰,而在 4.8 GHz 附近磁谱谱线上出现了由自然共振导致的共振峰。粉体-石蜡混合物层的微波吸收性能随着厚度的增加而增强。

(2) 通过在空心镍粉表面包覆钴制备钴表面改性镍空心粉,可以使磁导率增加,但是由于钴层存在网络结构,介电常数减弱;当钴表面改性镍空心粉中 P 含量增加时,介电常数和磁导率均增加;制备过程中,随着络合剂浓度的增加,使沉积速度减缓,致使样品中 Co 含量降低,从而引起磁导率的降低,由于钴层结构同时发生变化,使得介电常数的实部和虚部的变化规律正好相反。对于钴表面改性镍空心粉,当 Co 含量低、P 含量较高时,其微波吸收能力比较高。

(3) Ni-Co 复合空心粉的复介电常数和复磁导率随着 Co 含量的增加而增加,但当 Co 含量超过镍含量时,电磁参数则会降低;随着粒径的减小,Ni-Co 复合空心粉的介电常数逐步增加,而磁导率则是降低。对于 Ni-Co 复合空心粉,Ni、Co 比例为 6:1 时在 5.3 GHz 的反射损耗为 $-45.3\,dB$,具有良好的微波吸收性能。

(4) Ni-Fe$_3$O$_4$ 复合空心粉的介电常数随着 Fe$_3$O$_4$ 含量的增加逐步降低,磁导率则是在高频逐渐增加;粒径的减小会使 Ni-Fe$_3$O$_4$ 复合空心粉介电常数变大,但对磁导率的影响因频率不同而不同,在低频时有增大的趋势,在高频则是降低。对于 Ni-Fe$_3$O$_4$ 复合空心粉,最小反射损耗($-42.2\,dB$)出现在 14.8 GHz,较薄(1.5 mm)的涂层获得了比较理想的微波吸收性能。

# 参考文献

[1] Z. W. Liu, L. X. Phua, Y. Liu, C. K. Ong, Microwave characteristics of low density hollow glass microspheres plated with Ni thin-film, Journal of Applied physics, 2006, 100: 093902.

[2] G. Mu, N. Chen, X. Pan, K. Yang, M. Gu, Microwave absorption properties of hollow microsphere/titania/M-type Ba ferrite nanocomposites, Applied Physics Letters, 2007, 91(4): 043110.

[3] J. Wei, J. Liu, S. Li, Electromagnetic and microwave absorption properties of Fe$_3$O$_4$ magnetic films plated on hollow glass spheres, J. Magn. Magn. Mater., 2007, 312: 414-417.

[4] S. S. Kim, S. T. Kim, J. M. Ahn, K. H. Kim, Magnetic and microwave absorbing properties of Co – Fe thin films plated on hollow ceramic microspheres of low density, J. Magn. Magn. Mater., 2004, 271: 39-45.

[5] L. X. Phua, Z. W. Liu, C. K. Ong, Synthesis, structure and dynamic magnetic properities of double-layered Ni-Fe1-xCox hollow microspheres, J. Phys. D: Appl. Phys., 2008, 41: 015001.

[6] H. Zhang, Y. Liu, Preparation and microwave properties of Ni hollow fiber by electroless plating-template method, Journal of Alloys and Compounds, 2008, 458: 588-594.

[7] H. Zhang, Y. Liu, Q. Jia, H. Sun, S. Li, Fabrication and microwave properties of Ni hollow powders by electroless plating and template removing method, Powder Technology, 2007, 178: 22-29.

[8] Q. Wang, K. Ge, Q. Mao, X. Zhang, M. Zhou, Application of ultrafine nickel powder in electromagnetic shieding functional material (in Chinese), New Technology & New process, 2002, 29(2): 41-42.

[9] K. Ge, Q. Wang, Q. Mao, C. Yu, M. Zhou, Surface modification on cenosphere and its wave absorbing properties, Journal of Functional Materials and Devices, 2003, 9(1): 67-70.

[10] A. N. Yusoff, M. H. Abdullah, S. H. Ahmad, S. F. Jusoh, A. A. Masor, S. A. A. Hamid, Electomagnetic and absorption properties of some microwave abrobers, Journal of Applied physics, 2002, 92(2): 876-882.

[11] Y. Li, R. Wang, F. Qi, C. Wang, Preparation, characterization and microwave absorption properties of electroless Ni-Co-P-coated SiC powder, Applied Surface Science, 2008, 254: 4708-4715.

[12] 廖绍彬，铁磁学(下册). 北京：科学出版社，1998.

[13] L. Olmedo, G. Chateau, C. Deleuze, J. L. Forveille, Microwave characterization and modelization of magnetic granular materials Journal of Applied Physics, 1993, 73(10): 6992-6994

[14] G. Viau, F. Ravel, O. Acher, F. Fievet-Vincent, F. Fievet, Preparation and microwave characterization of spherical and monodisperse Co-Ni particles J. Magn. Magn. Mater., 1995, 140-144: 377-378.

[15] G. Viau, F. Ravel, O. Acher, F. Fieévet-Vincent, F. Fieévet, Preparation and microwave characterization of spherical and monodisperse Co20Ni80 particles Journal of Applied Physics, 1994, 76(10): 6570-6572.

[16] X. Pan, G. Mu, H. Shen, M. Gu, Preparation and microwave absorption properties of electroless Co-Ni-P coated strontium ferrite powder, Applied Surface Science, 2007, 253: 4119-4122.

[17] C. Yang, H. Li, D. Xiong, Z. Cao, Hollow polyaniline/$Fe_3O_4$ microsphere composites: Preparation, characterization, and applications in microwave absorption, Reactive & Functional Polymers, 2009, 69: 137-144.

[18] W. Fu, S. Liu, W. Fan, H. Yang, X. Pang, J. Xu, G. Zou, Hollow glass microspheres coated with $CoFe_2O_4$ and its microwave absorption property, J. Magn. Magn. Mater., 2007, 316: 54-58.

# 9 空心镍粉光学性能及其太阳能应用研究

## 9.1 引言

近年来,对于空心粉结构材料的研究越来越多,空心粉因具有低密度、比表面积大和特殊的光学性能,在催化领域、缓释药物的包装、人造细胞的模拟及蛋白质、酶、DNA 等生物活性分子的包覆保护以及作为涂料的填料或颜料等各个领域都有很大的潜在应用价值。因此,空心粉成为材料领域内引人注目的研究对象之一。

尽管空心粉的制备研究很多,但对于空心粉的光学性能研究还很少。CaiXia Song 等[1]制备的 Ag/TiO 复合物空心颗粒在可见光范围内有较宽广的和较强的吸收,空心结构可能导致了 Ag 的吸收峰产生红移;Longsan Xu 等[2]研究空心 $Cu_2O$ 的 UV-vis 吸收光谱,计算得到带隙宽度为 2.67 eV,略大于大块 $Cu_2O$(2.17 eV),他们认为这是由于粒径的减少和空心结构引起的;而 Yong Hu 等[3]研究发现空心 NiS 的吸收峰较大块 NiS 出现蓝移,并把这种蓝移归咎为小尺寸效应。目前,对空心粉光学性能的研究还很少而且很不系统,有必要进一步探索。

另外,随着社会经济的发展,人类对能源的需求越来越多,然而传统能源的枯竭迫使人类开始寻找新型可再生能源,其中太阳能是最容易获得且取之不尽用之不竭的清洁能源之一。然而太阳光到达地球后能量密度小,给大规模的开发利用带来困难。这就决定了太阳能直接用于日常生活和工业生产前,必须提高太阳能的能量密度。太阳能选择性吸收涂层对可见光的吸收率很高,而自身红外辐射率很低,能够把低品位的太阳能转换成高品位的热能,对太阳能起到富集作用,是太阳能热利用中的关键技术,对提高集热器效率至关重要。从 20 世纪 50 年代太阳能选择性吸收涂层的设想提出至今,科研人员对此进行了大量的研究,涂层类型和制备方法已经多种多样[4-6]。目前,根据吸收原理和涂层结构的不同,选择性吸收涂层主要有体吸收型涂层、干涉型吸收涂层、金属-电介质复合涂层、表面结构型吸收涂层等种类,制备方法主要有涂料法、电镀法、电化学法、CVD 法和真空镀膜法等,其中涂料法是最简单方便的一种方法。

在选择性吸收涂层制备中,镍由于具有良好的光吸收性和稳定性而得到了广泛的应用[7-10]。因此,本课题中,在研究空心镍粉的光学性能的基础上,初步探索了其在太阳能选择性吸收涂层上的应用。在本章中,首先测试了不同粒径的空心镍粉的光学性能,研究尺寸效应的影响;然后,为了探索空心镍粉在太阳能方面的应用,将镍粉与丙烯酸树脂混合制成涂料,利用浸沾法在铝板上制备得到不同厚度的涂层,测试了涂层的光学性能,计算了吸收率,研究了粉体粒径和涂层厚度的影响。

## 9.2 实验方法

在 Cary 500 型紫外-可见-近红外分光光度计上测试了粉体的光学性能,漫反射积分球直径 11 cm,标准反射板为 $H_2SO_4$ 钡粉末压制的白板,波长范围为 $250\sim2\,500$ nm。将粉体放入仪器配件压成薄片,测试粉体吸收谱和反射谱,研究其光吸收性能。

利用 EQUINOX 55 型傅里叶变换红外-拉曼光谱仪测试粉体在近红外-中红外的光吸收性能,波长范围为 $2.5\sim25\ \mu m$。将粉体与溴化钾混合压片,测试其透射光谱,研究吸收性能。

对于涂层,研究其在太阳光范围内的吸收性能是通过测试其在 $250\sim2\,500$ nm 范围内的漫反射光谱 $R$,然后利用以下公式计算涂层吸收率 $\alpha$[1]:

$$\alpha = \int_{\lambda_1}^{\lambda_2} A(1-R)\,\mathrm{d}\lambda \Big/ \int_{\lambda_1}^{\lambda_2} A\,\mathrm{d}\lambda$$

其中:$A$ 为太阳光单色辐射密度。涂层在红外区的发射率通过中国科技大学的 Model No AE 型半球面发射率测定仪测得。

## 9.3 空心镍粉的光学性质

### 9.3.1 粒径的影响

为观察粒径对光学性能的影响,我们选择了 6.3.1 节制备的 4 个不同粒径的空心镍粉(编号 A~D)进行对比,粒径分别为 2 157,950,224 和 99 nm。对于空心镍粉,在紫外-可见-近红外(UV-Vis-NIR,波长范围:$250\sim2\,500$ nm)区,通过测试样品的吸收谱线,直接观察光吸收性能,而在红外区,则是测试样品的透射光谱,间接考察吸收性能。

图 9-1 为 4 种样品的紫外-可见-近红外吸收谱线,从中可以看出在所测光谱区中,镍粉都有比较高的吸收,随着粒径的减小,吸收明显增强。随着颗粒尺寸的减少,颗粒数密度增大,增加了颗粒间产生多次散射吸收的几率,使吸收增强,同时由于表面效应和小尺寸效应,即随着粒径的减小,表面原子数增多,原子配位数不足及高的表面能,使颗粒表面活性增强,从而产生更多的吸收。

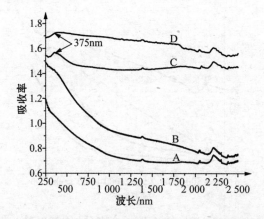

图 9-1　不同粒径的空心镍粉的 UV-Vis-NIR 吸收谱线

A—2 157 nm；B—950 nm；C—224 nm；D—99 nm

在紫外区可以看出,样品 A 和 B 的吸收均是随着波长的增大而减弱,而样品 C 和 D 则不同,起始阶段随着波长的增加而吸收增强,在 375 nm 处吸收达到了峰值,之后吸收呈缓慢下降趋势,可见,当样品粒径减少到纳米量级后,由于纳米尺寸效应,产生了新的吸收峰。文献报道了纳米贵金属(Ag,Au)在 UV-Vis 由于等离子体共振吸收而引起了新的吸收峰[11,12],虽然镍粉颗粒尺寸远大于纳米尺度,但是空心结构可使其局域达到纳米尺度,因此 375 nm 的吸收峰是由等离子共振导致。

在可见光区,A 和 B 两种样品光吸收能力随着波长的增大而减弱的速度明显比样品 C 和 D 的减弱速度大,具体而言,对于尺寸较大的空心镍粉,在可见光区的吸收变化很大,到了近红外区的时候吸收就明显减弱,吸收变化趋于平缓。而小尺寸颗粒在紫外到近红外波长的波长范围内,其吸收性能整体呈缓慢下降的规律。这可能是由于散射吸收对大颗粒的影响比较弱,而对于小尺寸颗粒,其散射吸收作用很明显,同时由于小尺寸效应的影响,最终导致吸收性能变化平缓。

在近红外区域,所有样品的吸收都要比在紫外和可见光区的吸收弱,但是前两种样品的变化幅度达 50%,而后两种样品仅仅下降约 15% 左右。由此可见,小粒径镍粉在整个测量波长范围内的吸收都比较高,而且变化幅度小,而大颗粒镍粉的吸收性能随波长变化幅度很大。另外,在红外区,所有样品在 2 213 nm 和 2 049 nm 和 1 385 nm 处都存在吸收峰,这可能由于 P—O 键振动引起的。

图 9-2 分别显示了空心镍粉的 FTIR 透射谱线。可以看出随着波数的降低即波长的增加,透射增强,说明在红外区,空心镍粉的光吸收性能随着波长的增加而减弱。图中透射曲线上,在 3 600～3 000 cm⁻¹ 和 1 670～1 600 cm⁻¹ 位置均出现明显

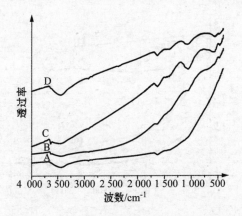

图 9-2　不同粒径的空心镍粉的红外透射谱

A—2 158 nm；B—950 nm；C—224 nm；D—99 nm

吸收峰,这是因为镍粉内还包裹着没有反应完的 $Ni(OH)_2$ 以及少量水,而且颗粒越小,这些残余杂质越多。而这些峰正是由于 O—H 键弯曲振动和水中 O—H 键伸缩振动所引起,其他的峰应是由 P—O 结合成的不同基团的吸收峰,而且在小尺寸颗粒时上述影响越大,吸收越加明显。

## 9.3.2　热处理的影响

为了观察晶粒尺寸对空心镍粉光学性能的影响,将样品在氢气气氛下 250℃ 保温 1 h。经过热处理后,样品的晶粒尺寸明显变大,这可从热处理后的样品 XRD 图谱(图 9-3)中看出(样品编号加下标 TH,以区别未处理样品)。经热处理后,样

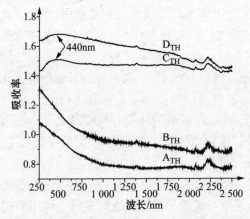

图 9-3　热处理后样品在 UV-Vis-NIR 的吸收谱线

$A_{TH}$:2 158 nm；$B_{TH}$:950 nm；$C_{TH}$:224 nm；$D_{TH}$:99 nm

品的衍射峰变得尖锐,相互之间不再覆盖。利用 Scherrer 公式,得出 4 种样品 A～D 热处理后的晶粒尺寸依次为 10.5,8.2,6.8 和 5.6 nm,比热处理前明显增大。

经过热处理后,样品的光吸收性能也发生了变化(图 9-3 和图 9-4)。在 UV-Vis-NIR 区域内,样品的光吸收变化规律和热处理前相似,不同的是吸收强度普遍降低。另外,由于晶粒尺寸的增长,样品 C 和 D 在紫外区的吸收峰从热处理前的 375 nm 变到了 440 nm(见图 9-3)。由于加热和氢气的还原作用,空心镍粉中残留的 $H_2O$ 和 $Ni(OH)_2$ 被消除,O—H 键导致的红外吸收峰普遍减弱(见图 9-4)。

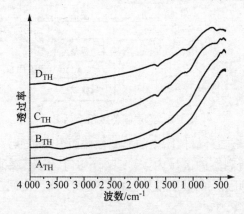

图 9-4　热处理后样品的红外透射谱线
$A_{TH}$:2158 nm; $B_{TH}$:950 nm; $C_{TH}$:224 nm; $D_{TH}$:99 nm

## 9.4　涂层的光学性能

### 9.4.1　涂层的制备和表征

根据空心镍粉的光学性质可知,其在太阳光辐射区有较强的吸收性能,而在红外区则没有明显的吸收,因此满足作为太阳能选择性吸收涂层吸收剂的要求。我们在制备选择性吸收涂层的过程中,选择丙烯酸树脂为粘结剂,试样底材为 60 mm×60 mm×2 mm 的纯铝板。涂层的制备过程如图 9-5 所示。首先将丙烯酸树脂和空心镍粉按照一定比例装入搅拌罐,机械搅拌 20 h,使两者均匀混合;然后将混合粉放入由丙酮和乙醇组成的溶剂中充分搅拌,使树脂完全溶解,制成涂料;随后利用浸沾法在预先经去油、打磨和抛光处理的纯铝板上制备得到涂层,期间可通过改变浸沾次数获得不同厚度;最后将有涂层的铝板在 150℃烘箱中保温 10 h,即获得坚硬平滑的涂层。

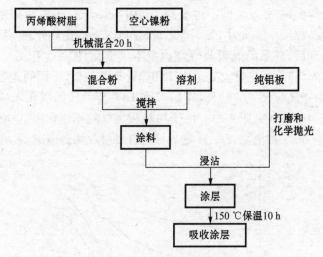

图 9-5　涂层制备过程示意图

图 9-6 为涂层镶嵌在环氧树脂中的典型横截面显微镜照片,可以看出,涂层的厚度大约 80 μm,在所观察的区域内,厚度比较均匀。与下层的环氧树脂相比,涂层显得比较平整,说明涂层的硬度很好。在铝基板和涂层之间没有缝隙出现,说明涂层与基板结合比较紧密。

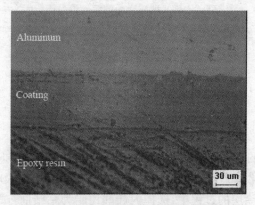

图 9-6　典型涂层截面显微镜照片

图 9-7 为纯铝板、丙烯酸树脂和典型涂层在太阳光谱区的反射谱线。纯铝板对光有很强的反射能力,反射系数达到 70%,这是通常块状金属所拥有的性质。仅仅有丙烯酸树脂涂层的铝板的反射系数略微降低,约为 60%,说明丙烯酸树脂在太阳光谱区有很弱的吸收。当涂层中含有空心镍粉时,反射系数明显降低,约为 10%,因此可以得出结论,含镍粉的涂层具有很强光吸收能力。涂层对太阳光的吸收能力会受到涂层厚度和粉体粒径的影响,下面我们对这些因素的影响进行讨论。

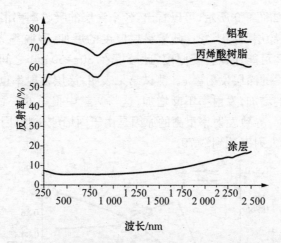

图 9-7  纯铝板、丙烯酸树脂和典型涂层的反射谱线

## 9.4.2  涂层厚度的影响

在制备涂层的过程中,可通过改变浸沾次数调节涂层厚度,当浸沾次数分别为 1~5 时,涂层的厚度分别为 28.0,58.0,81.7,93.5 和 130.6 μm,图 9-8 显示了不同厚度涂层的反射谱线,可以看出除了厚度最小的涂层外,其他涂层都只有很弱的反射,即有很强的吸收。厚度最小的涂层之所以有较强的反射,可能由于涂层厚度太小,底材纯铝板直接反射光线,导致最终的反射增强。涂层的反射系数随着厚度的增加先是减小,而后缓慢增加,5 个样品中,厚度为 58.0 μm 的涂层的反射系数最小,可见涂层存在最佳吸收厚度。

根据式(2-1),利用图 9-8 中所测的反射系数,计算出了 AM1.5 时涂层对太阳

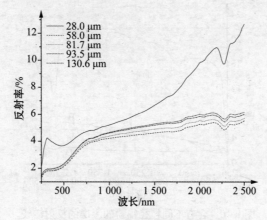

图 9-8  不同厚度涂层的反射谱线

光的总吸收率 $\alpha$,如图 9-9 所示,可以看出,各个涂层的吸收率都很高,均在 0.96 左右,比其他涂料型涂层要高[13-15]。随着涂层厚度的增加,吸收率先是增加,后又缓慢减小。可见中间可能存在转变厚度,此厚度在 $30\sim60~\mu m$ 之间。图 9-9 中同时也显示了实验测得的涂层发射率 $\varepsilon$。测试结果表明,涂层发射率也普遍很高,在 0.8 左右。随着厚度的增加,发射率不断增加,这与文献中报道的一致,可见涂层厚度越小,发射率越小。导致发射率很高的原因是由于丙烯酸树脂,因为单独测量丙烯酸涂层时,发现其发射率达到 0.79。

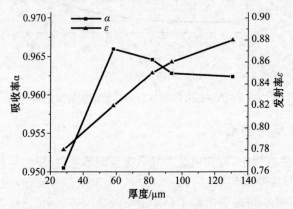

图 9-9　厚度对涂层吸收率 $\alpha$ 和发射率 $\varepsilon$ 的影响

### 9.4.3　镍粉粒径的影响

分别用含有不同粒径镍粉(编号为 A~D)的涂料,浸沾相同的次数,制备出厚度基本一致的涂层,以考察镍粉粒径对涂层性能的影响。图 9-10 为含有不同粒径镍粉

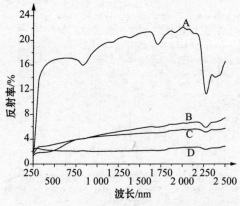

图 9-10　含有不同粒径镍粉的涂层的反射谱线

A—2 158 nm；B—950 nm；C—224 nm；D—99 nm

的涂层的反射谱线。从图中可以看出,随着镍粉粒径的降低,涂层的反射系数降低,即光吸收增强,与图9-3中的变化趋势相同。含有A镍粉的涂层的反射谱线的形状和强度都与其他镍粉制备的涂层差别很大,这是由于前者的粒径远远大于后者。

图9-11显示了镍粉粒径对涂层的吸收率和发射率的影响。可以看出,各个涂层的吸收率都比较理想,随着镍粉平均粒径的减小,涂层的吸收率不断增大,最大可达到0.98,可见纳米尺寸效应明显促进了光吸收性能。图9-11中也显示了测量得到的各涂层的发射率,可以看出发射率都很大,都在0.86附近。涂层的发射率受镍粉粒径变化影响很小,基本不发生变化。

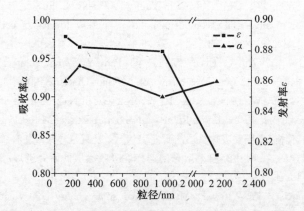

图 9-11  镍粉粒径对涂层吸收率 α 和发射率 ε 的影响

## 9.5  本章小结

本章中,主要研究了粒径对空心镍粉光学性能的影响,并在此基础上制备了太阳能吸收涂层,探索空心镍粉在太阳能方面的应用,主要结论如下:

(1) 在 UV-Vis-NIR 范围内,空心镍粉的光吸收系数随着波长的增大而减小,当镍粉粒径变小时,光吸收能力增加;由于表面效应和小尺寸效应,纳米镍粉在整个测量范围内的吸收系数变化幅度比大粒径的小很多。小粒径镍粉在 375 nm 处出现了可能由等离子共振引起吸收峰。在红外光区,吸收峰主要是 O—H 和 P—O 键振动吸收引起,粒径比较小时,镍粉包含反应残留物如 $H_2O$,$Ni(OH)_2$ 和 $PO_3^{3-}$ 等增多,使吸收峰增强。

(2) 热处理后的镍粉晶粒尺寸增大,使得光吸收性能轻微减弱,同时使紫外区的共振峰的位置发生蓝移;由于热处理和氢气的还原作用,镍粉中残留的 $H_2O$ 和 $Ni(OH)_2$ 减少,使得由 O—H 键导致的红外吸收峰普遍减弱。

　　(3) 以镍粉为吸收剂、丙烯酸树脂为粘结剂、铝板为基板制备的涂层,在太阳光谱区具有优秀的吸收性能,总吸收率 α 最高可达到 0.98,但由于所用丙烯酸树脂的原因,涂层发射率很高,在 0.8 左右。随着厚度的增加,涂层吸收率先增后减,转变厚度位于 30～60 μm 之间,而发射率则是不断增大;当涂层中镍粉粒径变小时,涂层吸收率不断增大,但粒径的变化对发射率影响不大。

# 参考文献

[1] C. Song, D. Wang, G. Gu, Y. Lin, J. Yang, L. Chen, X. Fu, Z. Hu, Preparation and characterization of silver/TiO₂ composite hollow spheres, Journal of colloid and interface science, 2004, 272(2): 340-344.

[2] L. Xu, X. Chen, Y. Wu, C. Chen, W. Li, W. Pan, Y. Wang, Solution-phase synthesis of single-crystal hollow Cu₂O spheres with nanoholes, Nanotechnology, 2006, 17(5): 1501-1505.

[3] Y. Hu, J. F. Chen, W. M. Chen, X. L. Li, Synthesis of Nickel Sulfide Submicrometer-Sized Hollow Spheres Using a r-Irradiation Route, Advanced Functional Materials, 14(4): 383-386.

[4] 苏畅,邓纶浩,何柳. 太阳能吸热涂层的研究现状[J]. 电镀与环保,1999,19(5):3-7.

[5] 李金华,宋宽秀,王一平. 中高温太阳光谱选择性吸收涂层的研究进展[J]. 化学工业与工程,2004,21:432-437.

[6] C. G. Granqvist, V. Wittwer, Materials for solar energy conversion: An overview, Energy Mater. Solar Cells, 1998, 54(39-48): 39.

[7] 胡文旭. 黑镍涂层的制备与光学性能研究[J]. 太阳能学报,2001, 22: 443-447.

[8] G. A. Niklasson, C. G. Granqvist, Ultrafine nickel particles for photothermal conversion of solar energy[J]. J. Appl. Phys., 1979, 50(8): 5500-5505.

[9] T. Möller, D. Hönicke, Solar selective properties of electrodeposited thin layers on aluminium[J]. Energy Mater. Solar Cells, 1998, 54: 397-403.

[10] Å. Anderson, O. Hunderi, C. G. Granqvist, Nickel Pigmented Anodic Aluminium Oxide for Selective Absorption of Solar Energy[J]. J. Appl. Phys., 1980, 51: 754-764.

[11] I. Tanahashi, T. Mitsuyu, Preparation and optical properties of silica gels in which small gold particles were grown by photo reduction[J]. Journal of Non-Crystalline Solids, 1995, 181: 77-82.

[12] W. Matz, Nanometre-sized silver halides entrapped in SiO₂ matrices[J]. J. Mater. Sci., 1998, 33: 155-159.

[13] 刘胜峰. 太阳光谱选择性吸收涂层新型颜料的合成研究[J]. 太阳能学报,1994,15(3): 300-304.

[14] 吴绍清,杨琨. 太阳能硅溶胶吸热涂料[J]. 太阳能学报,1996,17(2):172-174.

[15] 宋文学. 墨绿色太阳能选择性吸收涂层[J]. 太阳能学报,1997,18:233-236.

# 10 自催化还原法制备空心纳米结构的研究

## 10.1 引言

近年来,具有特殊形态结构的新材料引起了研究者的广泛关注。特别是一些空心、管状、线形的纳米粒子在光电子转换、传感器、电磁器件、生物医药等领域表现出了独特性能和重要的应用前景,相关的研究结果近年来多次被《Science》、《Nature》等报道[1-6]。美国学者 Xia YN 指出:纳米材料的性能在很大程度上是由粒子的形态、结构、组分、尺寸等自身特征参数所决定的,通过设计合适的制备方法来实现对纳米粒子结构特征参数的控制,可以获得某种特定的性能[7]。目前,对特殊形态结构纳米粒子制备方法的研究和设计是国际学术界广泛关注的前沿热点方向之一[8-17]。

在制备形态结构可控纳米粒子上目前所遇到的"瓶颈":粒子难以实现有序生长、工艺的可重复性差,极大地阻碍了相关基础及应用研究的开展。目前采用的制备方法主要有:一是利用水热、溶剂热等手段来实现粒子的有序生长,最终形成规则的形态结构;二是利用纳米颗粒通过自组装在特定的模板上堆积,然后通过其他途径去除模板,形成特殊结构的粒子。前者制备繁琐、低效,且与粒子本身的生长特性有关,只能得到球形,立方等几种简单的结构;后者受自组装机的影响,反应条件要求较高,难以有效控制,且模板去除工艺复杂。因此,探索新的制备方法和研究粒子形态结构控制机理,对深化该领域的理论研究,拓展其潜在的应用具有重要的学术价值。

我们在前期利用自催化法制备了具有空心结构的超细(或纳米)金属镍球[18],在此基础上,通过改变前驱体模板的形貌,成功地制备出具有空心、管状和穿孔结构的金属镍纳米粒子。这些工作的开展,进一步拓展了自催化还原法制备金属空心纳米材料的相关机理与应用基础,对自催化组装制备具有特殊结构微纳材料及其形态结构控制的研究提供了新方向。

## 10.2　Ni(OH)₂ 纳米结构前驱体的结构控制

在前期的研究中,我们利用球形的 Ni(OH)₂ 胶核为模板,通过诱导自催化还原反应的发生,制备出了具有空心结构的微米和纳米空心镍球。在后续的研究中,我们发现,通过改变 Ni(OH)₂ 的形态、形貌,如线状的 Ni(OH)₂ 模板,可制备出管状和穿孔状的镍纳米粒子。因此,在本节中,我们首先对 Ni(OH)₂ 前驱体的制备及形态结构控制进行了研究。

纳米 Ni(OH)₂ 前驱体在电池方面有着广泛的应用,其制备方法有沉淀转化法[19]、液相沉淀法[20]、水热法等。水热法因其独特的物化条件,日益受到人们的重视[21-27]。该法采用高压反应釜为反应容器,以水为介质,在一定的温度和压力下实现从原子级到分子级的结晶与生长。采用水热法,晶体在相对低的热应力下生长,其位错密度远低于高温溶体中生长的晶体,可得到其他方法难以获取的低温同质异构体;同时,晶体生长是在密闭系统中进行,可通过控制反应条件,实现其他方法难以获取的某些特殊结构和物相;而且水热体系存在着溶液的快速对流和十分有效的溶质扩散,因此水热法具有反应时间短,产品尺寸均匀、分散性好、工艺条件容易控制等优点。Hui Liang 等[28]用水热法制备出直径在 100 nm 左右,长达数微米的 α-Ni(OH)₂ 纳米带,Dong L. H 等[11]用水热法,以 NaOH,NiSO₄ 为原料,通过调节 NaOH 与 NiSO₄ 比率,成功制得 α-Ni(OH)₂ 纳米带、纳米线和 β-Ni(OH)₂ 纳米盘。

水热法制备形态结构可控纳米 Ni(OH)₂ 前驱体,为 Ni(OH)₂ 在电池等方面的应用提供物质基础,更为制备形态结构可控的 NiO、Ni 等纳米材料提供了新的方向。我们以 NiSO₄·6H₂O、NaOH、NH₃·H₂O 等为原料,用水热法成功制备出形态结构可控纳米 Ni(OH)₂。用 XRD,TEM 对产物进行表征,所得产物为厚度 10 nm～20 nm,边长 40 nm～70 nm 的六边形 β-Ni(OH)₂ 纳米片及宽 10 nm～20 nm,长 50 nm～160 nm Ni(OH)₂ 纳米棒。

### 10.2.1　实验与表征

实验所用化学试剂有 NiSO₄·6H₂O、NaOH 和 NH₃·H₂O,均为分析纯。首先制得 2 mol/L NiSO₄ 和 2 mol/L NaOH 溶液备用。然后取 500 mL 干净烧杯,向其中加入 30 ml NiSO₄,用去离子水 180 ml 稀释,将 60 ml NaOH 缓慢倒入上述溶液,边倒边搅拌,同时用 NH₃·H₂O 和稀 H₂SO₄ 调节 PH 值。得到浅绿色胶体。之后将上述溶液平分到 4 个反应釜中,反应釜装载量 60%。反应釜在 120℃下保温 24 h。产物用去离子水清洗 3 次,放入 60℃保温箱内保温 12 h,研磨过筛,得绿色 Ni(OH)$_2$ 纳米片。

用 D/Max-γB 型 X 射线衍射(X-ray diffraction, XRD)分析仪对所得粉末进行物相分析,加速电压为 35 kV,200 mA,Cu 靶,K$_a$ 辐射。用 Philips CM-12 透射电子显微镜(Transmission Electron Microscopy, TEM)对 Ni(OH)$_2$ 的微观形态进行了研究。样品在分析前需经预处理,先将样品在无水乙醇中用超声波分散 10 min,再取一滴分散好的溶液滴在碳膜支撑的铜网上,待无水乙醇蒸发后,即放入透射电子显微镜进行观察。

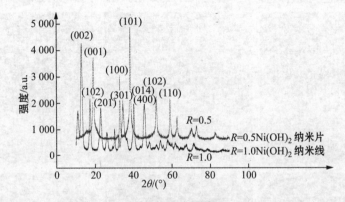

图 10-1  不同 $R = Ni^{2+} : OH^-$ 比制备的 Ni(OH)$_2$ 的 XRD 图

(a) $R = 0.5 : 1$; (b) $R = 1 : 1$

## 10.2.2  Ni(OH)$_2$ 的形态结构控制

图 10-1 为水热合成 Ni(OH)$_2$ 的 XRD 图。由图可以看出,$R = Ni^{2+} : OH^- = 0.5 : 1$ 样品在 19°,33°,38°,59°,62°处出现特征峰,可以确定产物属于六方晶系结构的 β-Ni(OH)$_2$。图中特征峰尖锐,基线平滑,峰形规整,无杂峰,说明所得产物纯度高。同时,代表厚度方向的(001)晶面,谱峰宽化,而代表长度方向的(100)晶面,谱峰几乎没有宽化。$R = Ni^{2+} : OH^- = 1 : 1$ 样品在 12°,17°,38°,40°,48°处出现特征峰,可以确定产物属于六方晶系结构的 α-Ni(OH)$_x$(SO$_4$)$_{0.5x}$。其衍射谱峰宽化明显,且呈各向异性,说明制备的 α-Ni(OH)$_2$ 前驱体存在缺陷。α-Ni(OH)$_2$ 前驱体晶格缺陷的存在,有助于后期还原过程中质子沿晶体层面的扩散,为制备形态结构可控的镍纳米结构提供了物质基础。

图 10-2 是通过调节 $R(R = Ni^{2+} : OH^-)$ 值,可得到不同的形貌的前驱体 Ni(OH)$_2$ 的透射电镜照片。由图 10-2 可以看出,在 $R > 1 : 1.5$ 时,得到的都是直径约 10~20 nm,长数微米的 Ni(OH)$_2$ 纳米线,在 $R = 1 : 1.53 \sim 1 : 1.64$ 时,我们可以得到线片共存的 Ni(OH)$_2$ 纳米结构,而且纳米线直径宽度达 60~100 nm。

图 10-2　不同 $R = Ni^{2+} : OH^-$ 比制备的 $Ni(OH)_2$ 的 TEM 照片

(a) $R = 4 : 1$; (b) $R = 3 : 1$; (c) $R = 2 : 1$; (d) $R = 1 : 1$; (e) $R = 1 : 1.5$; (f) $R = 1 : 1.53$;
(g) $R = 1 : 1.56$; (h) $R = 1 : 1.64$; (i) $R = 1 : 1.8$; (j) $R = 1 : 2$

$R<1:1.64$ 得到的 $Ni(OH)_2$ 产物形貌为纳米片状结构。$Ni(OH)_2$ 产物由大量形状规则六边形纳米片组成,厚度 $10\sim20$ nm,边长 $40\sim70$ nm。这种纳米 $Ni(OH)_2$ 形态结构的变化,可能与 $Ni(OH)_2$ 的形成机理有关。$Ni(OH)_2$ 纳米线可能是通过分解—再结晶过程形成的[10],随着 $R$ 值的变大,前期形成的纳米片通过分解,形态结构由规则向不规则变化,同时由于水热条件下的高温高压环境,促使分解析出的 $Ni(OH)_2$ 纳米结构形成新的晶种,通过再结晶过程形成 $Ni(OH)_2$ 纳米线。

## 10.3 自催化还原法制备镍纳米管

### 10.3.1 镍纳米管的制备方法

首先配制 2 mol/L 的 $NiSO_4$,2 mol/L 的 NaOH 和 4 mol/L 的 $NaH_2PO_2$。将一定量的 $NiSO_4$ 倒入 50 ml 烧杯中,用水稀释,然后缓慢加入一定量的 NaOH,恒速搅拌,得浅绿色 $Ni(OH)_2$ 胶体,将上述胶体转入 100 ml 高压釜内。于 120℃油浴中保温 24 h,随炉冷却后用去离子水洗 5 次。即得所需 $Ni(OH)_2$ 前驱体。取上述前驱体 0.005 6mol(pH=5~6),放入 150 ml 烧杯中,放入超声仪内处理 1 h;用 $CH_3COOH$ 或 NaOH 调节 $Ni(OH)_2$ 的 pH=2~14;放入集热式磁力加热搅拌器内预热 10 min;将预热好的 2 mol/L 的 $NaH_2PO_2$ 倒入调节好 pH 的 $Ni(OH)_2$ 中,然后缓慢滴加 2~3 滴 1 g/L 的 $PdCl_2$ 溶液。反应开始,生成大量气泡,溶液变黑并生成大量黑色沉淀。8~10min 后,基本没有气泡产生。用一次性滴管取样。继续缓慢加入 2 mol/L 的 $NaH_2PO_2$ 反应继续进行。1.5 h 后停止反应。得黑色粗颗粒产物。将上述产物放入烧杯中清洗 3~4 次,洗去多余离子。之后将产物放入去离子水溶液,用超声波清洗 1 次,再用乙醇溶液超声波清洗 1 次,得到细小、分布均匀的 Ni 纳米管。取样,进行 TEM 检测。将上述产物在 60℃烘箱中保温 12 h,放入自封袋保存。

### 10.3.2 镍纳米管的形成

图 10-3 是镍纳米管形成过程的 TEM 及 SEM 照片。其中图 10-3(a)为前驱体 $Ni(OH)_2$ 纳米线。$Ni(OH)_2$ 纳米线直径 10 nm~30 nm(平均直径 20 nm),长数微米。图 10-3(b)为反应 5min 后的产物形貌,由图可以看出,此时 $Ni(OH)_2$ 纳米线上布满了很多小镍粒子。还原剂将表面活化能低处的 $Ni^{2+}$ 优先还原得到穿孔镍粒子。随着反应的进行,$Ni(OH)_2$ 纳米线也将逐渐消耗,分解成 $Ni^{2+}$ 和 $OH^-$,$Ni^{2+}$ 继续在其表面被还原,如图 10-3(c)。随着 $Ni(OH)_2$ 纳米线不断分解,还原出

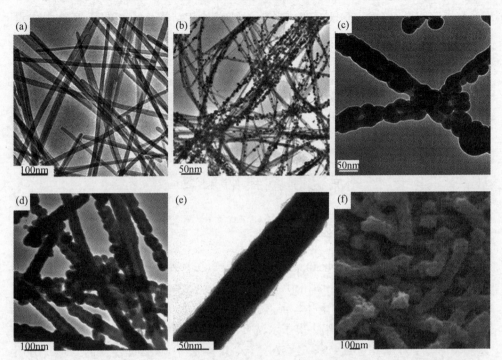

图 10-3  (a) Ni(OH)₂ 纳米线前驱体的 TEM 照片；不同反应时间所得产物的 TEM 照片；
(b) 5 min；(c) 30 min；(d) 60 min；(e) 90 min；(f) 反应 90 min 后所得产物的 SEM 照片

来的镍逐步在 Ni(OH)₂ 上连接，使镍管不断的长大、变粗、变光滑，如图 10-3(d) 所示。最终形成结构致密、表面光滑的内径 10 nm～30 nm，外径 60 nm～100 nm，长约 500 nm～数微米的镍纳米管，如图 10-3(e) 和 10-3(f) 所示。

图 10-4 是 Ni(OH)₂ 纳米线和镍纳米管的 XRD 图谱。由图可知，反应后所得

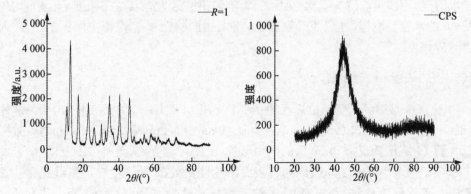

图 10-4  Ni(OH)₂ 纳米线及镍纳米管的 XRD 图

的产物为镍,从 XRD 谱线可看出,产物的衍射峰宽化十分明显,表明所得的产物由非晶或纳米晶组成。

### 10.3.3 Ni(OH)$_2$浓度对镍纳米管的影响

图 10-5 是不同 Ni(OH)$_2$ 浓度下制备的镍纳米管 TEM 照片。从图可以看出,初始 Ni(OH)$_2$浓度在 0.5~2 ml 变化时,Ni 纳米管结构较趋于完整、光滑。但产物以管、球并存为主,镍管上布满实心镍球。Ni(OH)$_2$ 初始浓度大于 4 ml,Ni(OH)$_2$团聚,超声较难将其分开,主要产物为粗管。同时球也由实心球向穿孔球转变,所得镍管比较密实、管形结构完整、相对壁厚较厚(相对壁厚是指管壁厚与内径之比)。这可能是由于 Ni(OH)$_2$ 浓度高时,还原除从自身处吸收 Ni$^{2+}$ 参与反应,还可能吸收其他 Ni(OH)$_2$ 纳米线扩散至溶液中的 Ni$^{2+}$,使管形结构完整、密实、管壁加厚。同时还可以看出,不同 Ni(OH)$_2$ 浓度下制备的镍管内径均为 20 nm 左右,均与 Ni(OH)$_2$ 前驱体直径(20 nm)相当。这可能是由于反应都在酸性条件下,还原反应均较快完成,使得制备的镍纳米管内径均与前驱体直径相当。而由于高浓度下镍纳米管管壁厚,从而导致高浓度下所制镍管相对壁厚。

图 10-5 不同 Ni(OH)$_2$浓度对镍纳米管形貌的影响

(a) 0.5 ml;(b) 1 ml;(c) 2 ml;(d) 5 ml;(e) 10 ml;(f) 20 ml

## 10.3.4　NaH₂PO₂预加量对镍纳米管的影响

在实验中,我们考虑了预加 NaH₂PO₂ 对产物形貌的影响。从图 10-6 可以看出,NaH₂PO₂ 预加量对镍纳米管的形成影响较大。当不预加 NaH₂PO₂ 时,我们只能得到镍球。当 NaH₂PO₂ 预加量为 4 滴时,所制备产物以若干穿孔的镍球及以镍球连接形成的镍管为主,此时镍管形成极不完全。当 NaH₂PO₂ 预加量达到 9 滴时,可以看出镍管形成较为完全,表面光滑。在 NaH₂PO₂ 预加量为 24 滴时,此时镍管不光滑,表面出现很多孔洞,当 NaH₂PO₂ 预加量达到 64 滴时,样品中的球状物大增。在实验中我们采用 NaH₂PO₂ 预加量为 9 滴能得到较光滑的镍管。

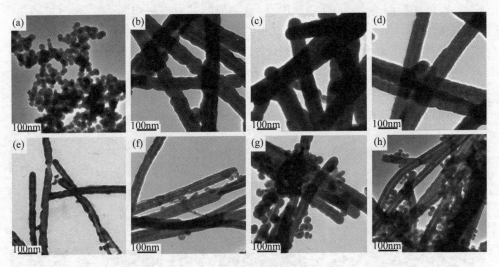

图 10-6　不同 NaH₂PO₂ 预加量对镍纳米管形貌的影响

(a) 不加;(b) 9 滴;(c) 13 滴;(d) 18 滴;(e) 24 滴;(f) 36 滴;
(g) 34 滴;(h) 120 滴(预加 NaH₂PO₂ 浓度为 4 mol/L)

## 10.3.5　PdCl₂ 浓度的影响

由图 10-7 可以看出,高的 PdCl₂ 浓度,镍管虽能有效形成,但管壁较薄且不完整,絮状物较多。而在低 PdCl₂ 浓度时,所得产物中球状镍颗粒细小,且分布即广又多。

## 10.3.6　pH 值对镍纳米管的影响

图 10-8 为不同 pH 值下所制备的镍纳米管 TEM 照片。从图可以看出,酸性

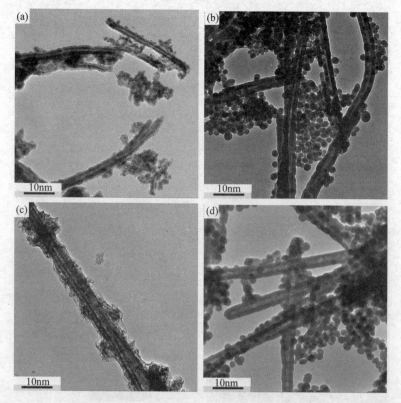

图 10-7　PdCl$_2$ 浓度对镍纳米管的影响

(a) 8 滴 PdCl$_2$, 0.5 ml Ni(OH)$_2$; (b) 3 滴 PdCl$_2$, 0.5 ml Ni(OH)$_2$;

(c) 8 滴 PdCl$_2$, 1 ml Ni(OH)$_2$; (d) 3 滴 PdCl$_2$, 1 ml Ni(OH)$_2$

条件下,所得镍纳米管表面光滑、内径大、相对壁厚较薄。在酸性条件下,由于 H$^+$ 的存在,有利于 Ni(OH)$_2$ 纳米线的分解,反应初期将在 Ni(OH)$_2$ 纳米线表面形成更多、更均匀的 Ni$^{2+}$,从而增加 Ni(OH)$_2$ 纳米线表面活性和使活性点分布更均匀。反应一旦开始,酸性条件下还原"糖葫芦结构"的球间距小,随着反应的进行,酸性条件下还原"糖葫芦结构"的空隙也会更快被镍沉积填满。所以酸性条件下所得镍管表面更光滑。同时酸性条件下还原反应也将更快终止,镍管内外物质交换也更快中止。这样就导致在酸性条件下所得镍管较碱性条件下所得镍管内径大、相对壁厚薄。但同时可以看出,在 pH=2 的相对壁厚较 pH=4 大,这可能是由于酸性太强,抑制了还原反应的发生,导致还原反应时间加长,从而使相对壁厚较厚。

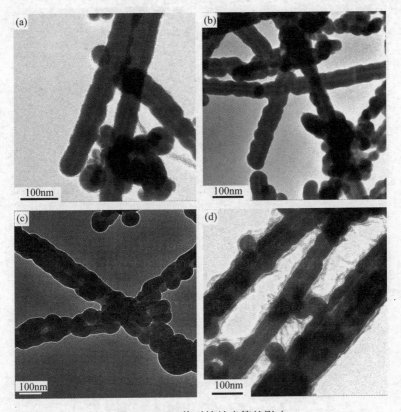

图 10-8    pH 值对镍纳米管的影响
(a) pH=2；(b) pH=4；(c) pH=6；(d) pH=8

# 10.4    自催化还原法制备镍穿孔球

## 10.4.1    制备方法

首先配制 2 mol/L 的 $NiSO_4$，2 mol/L 的 NaOH 和 4 mol/L 的 $NaH_2PO_2$。将一定量的 $NiSO_4$ 倒入 50 ml 烧杯中，用水稀释，然后缓慢加入一定量的 NaOH，恒速搅拌，得浅绿色 $Ni(OH)_2$ 胶体，将上述胶体转入 100 ml 高压釜内。于 120℃ 油浴中保温 24 h，随炉冷却后用去离子水洗 5 次。即得所需 $Ni(OH)_2$ 前驱体。取上述前驱体 45 ml(pH=5~6)，放入 150 ml 烧杯中，用 $CH_3COOH$ 或 NaOH 调节 Ni $(OH)_2$ 的 pH=2~14；放入集热式磁力加热搅拌器内预热 10 min；将预热好的 2 mol/L 的 $NaH_2PO_2$ 倒入调节好 pH 的 $Ni(OH)_2$ 中。反应开始，生成大量气泡，溶液变黑并生成大量黑色沉淀。数小时后,反应停止。得黑色粗颗粒产物。将上述产物放入烧杯中清洗 3～4 次,洗去多余离子。之后将产物放入去离子水溶液,用超声波清洗 1 次,再用乙醇溶液超声波清洗 1 次,得到细小、分布均匀的 Ni 穿孔球。取样,进行 TEM 检测。将上述产物在 60℃ 烘箱中保温 12 h,放入自封袋保存。

### 10.4.2　镍穿孔球的形成

在实验中,我们发现,通过改变工艺参数可以制备出具有穿孔结构的镍球。从前期实验结果来看,利用 Ni(OH)$_2$ 纳米线为模板,通过调节 NaH$_2$PO$_2$ 浓度,可制备出穿孔镍球。图 10-9 为不同反应时间所得产物的电镜照片,从图可以看出,反应 5 min 后,围绕 Ni(OH)$_2$ 纳米线上分布了少量镍粒子(图 10-9(a))。随着反应的进行,镍球逐渐长大,Ni(OH)$_2$ 纳米线也逐渐消耗分解,在镍球内形成线状空腔结构(图 10-9(b))。随着 Ni(OH)$_2$ 纳米线不断分解,还原出来的镍逐步在原来的镍颗粒上长大,如图 10-3(c)所示,最终形成孔径 10 nm～20 nm,直径 70 nm～90 nm 的镍穿孔球,如图 10-3(d)、(e)所示。

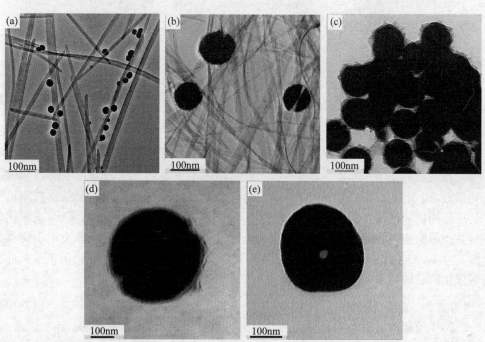

图 10-9　不同反应时间所得产物的 TEM 照片

(a) 5 min;(b) 30 min;(c) 60 min;单个穿孔球的 TEM 照片;(d) 侧面图;(e) 俯视图

## 10.5 自催化还原法制备纳米空心结构的机理

综合前文空心镍球的制备及本章纳米镍管和穿孔镍球的制备,我们可以总结出自催化还原法制备纳米空心结构的基本原理,图 10-10 为示意图。

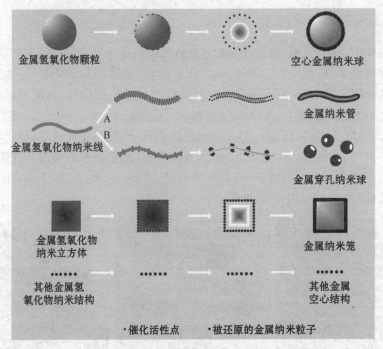

金属氢氧化物颗粒 空心金属纳米球

金属纳米管

金属氢氧化物纳米线

金属穿孔纳米球

金属氢氧化物纳米立方体 金属纳米笼

其他金属氢氧化物纳米结构 其他金属空心结构

·催化活性点 ·被还原的金属纳米粒子

图 10-10 自催化还原法制备纳米空心结构的示意图

在适当的还原剂存在的条件下,元素周期表中第Ⅷ族元素表面几乎都有自催化活性,如 Ni,Co,Fe,Pd,Rh 等金属,这些金属被还原之后,它能够继续催化附近的还原剂释放活性氢原子,这些活性氢原子会进一步还原周围的金属离子,从而使得被还原的金属在原来金属的表面不断沉积。这一基本原理被广泛地应用于化学镀工业中,如在化学镀镍工艺中就是利用这些金属的自催化特性,首先在加热条件下催化次磷酸根离子产生活泼的初生态原子 $H_{ad}$:

$$H_2PO_2^- + H_2O \xrightarrow{\text{催化,加热}} HPO_3^{2-} + H^+ + 2H_{ad} \tag{10-1}$$

$Ni^{2+}$ 的还原就是由活性金属表面吸附的原子 $H_{ad}$ 交出电子实现的:

$$Ni^{2+} + 2H_{ad} \longrightarrow Ni + 2H^+ \tag{10-2}$$

还原出来的金属 Ni 沉积下来形成一层镍膜,这层镍膜同样也是具有催化活性的,即自催化功能,它使还原反应继续进行,这样,不断沉积下来的镍同样具有自催化的性质。

在本研究中,我们也是基于该自催化原理来实现纳米空心结构的制备。如图 10-10 所示,研究中我们利用 $Ni(OH)_2$ 纳米球、纳米线等作为反应模板,这些纳米粒子在溶液中会形成一个双电层结构,在双电层的最里层,即纳米颗粒表面,聚集了大量 $Ni^{2+}$,这样就形成一个带正电性的 $Ni(OH)_2$ 纳米颗粒,它与溶液中的阴离子通过静电吸附形成稳定的结构。而当溶液中分散的 $H_2PO_2^-$ 被吸引到 $Ni(OH)_2$ 纳米颗粒附近时,布满 $Ni^{2+}$ 的 $Ni(OH)_2$ 纳米颗粒表面,此时起到了一个与金属镍表面同样效果的自催化功能,这就使镍的还原反应得以在 $Ni(OH)_2$ 纳米颗粒表面进行。

溶液中的 $Ni(OH)_2$ 纳米颗粒不仅具有自催化功能,同时还在镍纳米颗粒的制备中起到模板的作用。在催化、加热的条件下,在活性点诱发的还原反应一旦发生,吸附在 $Ni(OH)_2$ 纳米颗粒周围的 $H_2PO_2^-$ 迅速产生活泼的原子 H 将 $Ni(OH)_2$ 纳米颗粒表面的 $Ni^{2+}$ 还原成金属镍,沉积在 $Ni(OH)_2$ 纳米颗粒表面。这些最初还原出来的一层镍由于反应的不均匀,只在 $Ni(OH)_2$ 纳米颗粒表面形成网状结构,如图 10-10 第二步所示,同时 $Ni(OH)_2$ 纳米颗粒内外的物质可以通过网状结构的空隙进行交换。对于包覆在网状结构内的 $Ni(OH)_2$ 纳米颗粒存在一个可逆平衡:

$$Ni(OH)_2 \longleftrightarrow Ni^{2+} + 2OH^- \tag{10-3}$$

而在整个溶液中,随着镍的不断被还原,溶液中大量的 $Ni^{2+}$ 被消耗,同时由还原反应式(10-1)和(10-2)可知,在镍被还原的同时还将生成大量 $H^+$。这样溶液中的 $H^+$ 通过网状结构的空隙进入 $Ni(OH)_2$ 纳米颗粒表面,使得可逆反应(10-3)的平衡被打破,促使反应向右移动,这样就使得包覆在网状结构内的 $Ni(OH)_2$ 纳米颗粒不断分解变小,如图 10-10 第三步所示。在随后的过程中,随着反应的进行,新生成的镍不断地在已形成的镍网状结构上沉积,当网状结构上的空隙被沉积下来的镍逐渐填满,最终形成完整的、致密的壳层,如图 10-10 第四步所示。在反应过程中,当镍壳完全封闭时,如果其中的 $Ni(OH)_2$ 纳米颗粒已经完全分解,则所得镍颗粒为完全空心结构;如果其中的 $Ni(OH)_2$ 纳米颗粒来不及完全分解,则被包覆在镍颗粒内部,形成部分空心的镍颗粒。

利用自催化还原反应的基本原理,用其他金属氢氧化物或复合氢氧化物为模板,如 $Co(OH)_2$,$Fe(OH)_3$,$Pd(OH)_2$ 等,通过改变氢氧化物的形貌,如球形、线状、立方体等,可以设计制备出不同形态结构的金属或合金纳米空心结构,可为相关的应用领域提供具有特殊形态结构的纳米粒子。相关的制备与应用也在进一步研究之中。

## 10.6 本章小结

本章中,主要总结了利用自催化还原反应制备纳米空心结构的最新研究进展,通过这一方法可制备出镍纳米管和镍穿孔球,并在此基础上分析了自催化还原法制备纳米空心结构的机理,主要结论如下:

(1) 以 $Ni(OH)_2$ 纳米线为模板,通过控制催化活性点的多少,利用自催化还原反应,制备出了纳米镍管和纳米镍穿孔球。纳米镍管壁厚约为 30 nm,内径约为 15 nm;纳米镍穿孔球直径约为 80 nm,穿孔孔径约为 12 nm。

(2) 利用自催化还原反应制备纳米空心结构的基本特征在于:①作为反应模板的氢氧化物具有较为稳定的形态结构,并在特定条件下具有一定的催化能力,能激发还原剂的活性;②被还原的金属对还原剂有催化活性,能使还原反应持续不断地进行;③还原反应过程可控,最初生成的金属层为不致的结构,使内外物质能发生充分交换,以确保空心结构的形成。

(3) 由自催化还原法制备机理可以推断,用其他金属氢氧化物或复合氢氧化物为模板,如 $Co(OH)_2$,$Fe(OH)_3$,$Pd(OH)_2$ 等,通过改变氢氧化物的形貌,如球形、线状、立方体等,可以设计制备出不同形态结构的金属或合金纳米空心结构。

## 参考文献

[1] B. Y. Ahn, E. B. Duoss, M. J. Motala, X. Guo, S. I. Park, Y. Xiong, J. Yoon, R. G. Nuzzo, J. A. Rogers, J. A. Lewis, Omnidirectional printing of flexible, stretchable, and spanning silver microelectrodes[J], Science, 2009, 323 (5921): 1590.

[2] M. Schrinner, M. Ballauff, Y. Talmon, Y. Kauffmann, J. Thun, M. Mller, J. Breu, Single Nanocrystals of platinum prepared by partial dissolution of Au-Pt nanoalloys[J], Science, 2009, 323 (5914): 617.

[3] A. W. Sanders, D. A. Routenberg, B. J. Wiley, Y. Xia, E. R. Dufresne, M. A. Reed, Observation of plasmon propagation, redirection, and fan-out in silver nanowires[J], Nano letters, 2006, 6 (8): 1822-1826.

[4] H. Wang, D. W. Brandl, P. Nordlander, N. J. Halas, Plasmonic nanostructures: artificial molecules[J], Accounts of chemical research, 2007, 40 (1): 53-62.

[5] L. Catala, D. Brinzei, Y. Prado, A. Gloter, O. Stéphan, G. Rogez, T. Mallah, Core - multishell magnetic coordination nanoparticles: toward multifunctionality on the nanoscale [J], Angewandte Chemie International Edition, 2009, 48 (1): 183-187.

[6] L. Au, D. Zheng, F. Zhou, Z. Y. Li, X. Li, Y. Xia, A quantitative study on the

photothermal effect of immuno gold nanocages targeted to breast cancer cells[J], ACS nano, 2008, 2 (8): 1645-1652.

[7] Y. Xia, Y. Xiong, B. Lim, S. E. Skrabalak, Shape-Controlled Synthesis of Metal Nanocrystals: Simple Chemistry Meets Complex Physics? [J], Angewandte Chemie International Edition, 2009, 48 (1): 60-103.

[8] Z. Naeimi, M. F. Miri, Optical properties of fractal aggregates of nanoparticles: Effects of particle size polydispersity[J], Physical Review B, 2009, 80 (22): 224202.

[9] J. Zhao, A. O. Pinchuk, J. M. McMahon, S. Li, L. K. Ausman, A. L. Atkinson, G. C. Schatz, Methods for describing the electromagnetic properties of silver and gold nanoparticles[J], Accounts of chemical research, 2008, 41 (12): 1710-1720.

[10] J. Park, Y. Kim, Effect of Shape of Silver Nanoplates on the Enhancement of Surface Plasmon Resonance (SPR) Signals[J], Journal of Nanoscience and Nanotechnology, 2008, 8 (10): 5026-5029.

[11] V. Boucher, L. P. Carignan, T. Kodera, C. Caloz, A. Yelon, D. Ménard, Effective permeability tensor and double resonance of interacting bistable ferromagnetic nanowires [J], Physical Review B, 2009, 80 (22): 224402.

[12] B. Wood, Structure and properties of electromagnetic metamaterials[J], Laser & Photonics Reviews, 2007, 1 (3): 249-259.

[13] X. Wang, J. Zhuang, Q. Peng, Y. Li, A general strategy for nanocrystal synthesis[J], Nature, 2005, 7055: 121.

[14] Y. Xia, N. J. Halas, Shape-controlled synthesis and surface plasmonic properties of metallic nanostructures[J], Mrs Bulletin, 2005, 30 (5): 338-343.

[15] Y. Zhang, M. E. Grass, J. N. Kuhn, F. Tao, S. E. Habas, W. Huang, P. Yang, G. A. Somorjai, Highly selective synthesis of catalytically active monodisperse rhodium nanocubes [J], Journal of the American Chemical Society, 2008, 130 (18): 5868-5869.

[16] D. Seo, C. I. Yoo, J. C. Park, S. M. Park, S. Ryu, H. Song, Directed surface overgrowth and morphology control of polyhedral gold nanocrystals [J], Angewandte Chemie International Edition, 2008, 47 (4): 763-767.

[17] C. Kim, W. Gu, M. Briceno, I. M. Robertson, H. Choi, K. K. Kim, Copper Nanowires with a Five - Twinned Structure Grown by Chemical Vapor Deposition[J], Advanced Materials, 2008, 20 (10): 1859-1863.

[18] Y. Deng, L. Zhao, L. Liu, B. Shen, W. Hu, Submicrometer-sized hollow nickel spheres synthesized by autocatalytic reduction[J], Materials research bulletin, 2005, 40 (10): 1864-1870.

[19] X. Liu, L. Yu, Influence of nanosized $Ni(OH)_2$ addition on the electrochemical performance of nickel hydroxide electrode[J], Journal of power sources, 2004, 128 (2): 326-330.

[20] M. Akinc, N. Jongen, J. Lemaître, H. Hofmann, Synthesis of nickel hydroxide powders by

urea decomposition［J］，Journal of the European Ceramic Society，1998，18（11）：1559-1564.

［21］B. Fang，A. Gu，G. Wang，B. Li，C. Zhang，Y. Fang，X. Zhang，Synthesis hexagonal-Ni (OH)₂ nanosheets for use in electrochemistry sensors［J］，Microchimica Acta，2009，167 (1)：47-52.

［22］C. Guo，Y. Tang，E. Zhang，X. Li，J. Li，Aggregation of self-assembled Ni（OH）₂ nanosheets under hydrothermal conditions［J］，Journal of Materials Science：Materials in Electronics，2009，20 (11)：1118-1122.

［23］Q. Z. Jiao，Z. L. Tian，Y. Zhao，Preparation of nickel hydroxide nanorods/nanotubes and microscopic nanorings under hydrothermal conditions［J］，Journal of Nanoparticle Research，2007，9 (3)：519-522.

［24］X. Kong，X. Liu，Y. He，D. Zhang，X. Wang，Y. Li，Hydrothermal synthesis of［beta］-nickel hydroxide microspheres with flakelike nanostructures and their electrochemical properties［J］，Materials Chemistry and Physics，2007，106 (2-3)：375-378.

［25］X. Liu，G. Qiu，Z. Wang，X. Li，Rationally synthetic strategy：from nickel hydroxide nanosheets to nickel oxide nanorolls［J］，Nanotechnology，2005，16：1400.

［26］Y. Luo，G. Duan，G. Li，Synthesis and characterization of flower-like［beta］-Ni（OH）₂ nanoarchitectures［J］，Journal of Solid State Chemistry，2007，180 (7)：2149-2153.

［27］Y. Qi，H. Qi，J. Li，C. Lu，Synthesis，microstructures and UV-vis absorption properties of ［beta］-Ni(OH)₂ nanoplates and NiO nanostructures［J］，Journal of Crystal Growth，2008，310 (18)：4221-4225.

［28］H. Liang，L. Liu，Z. Yang，Y. Yang，Hydrothermal synthesis of ultralong single - crystalline α - Ni(OH)₂ nanobelts and corresponding porous NiO nanobelts［J］，Crystal Research and Technology，45 (6)：661-666.

# 11  总结与展望

## 11.1  主要结论

本书提出了一种新的空心结构材料的制备方法。该方法的基本原理是：通过在溶液中生成氢氧化物模板，利用模板表面的催化活性中心诱导金属的还原反应发生，在其表面沉积金属，同时胶核在反应过程中不断分解消耗，最后制备出具有空心结构的金属粒子。在本书的研究中，利用该方法已制备了空心镍球、纳米镍管和纳米穿孔镍球，并通过该方法制备了 $Ni-Co$、$Ni-Fe_3O_4$ 复合空心球，在此基础上，对空心镍球进行表面改性，制备了蜂窝状 $Ni-Co$ 空心球。探讨了工艺参数对粉体的成分、粒径和形貌的影响，重点研究了自催化还原法制备空心镍球的形成过程，考察了它们的磁性、微波电磁性能以及光学性能，探索了它们在微波吸收和太阳能吸热涂层上的应用。通过总结分析得出以下主要研究结论：

（1）通过对影响自催化还原反应的工艺条件和反应的动力学进行分析，认为自催化还原反应速率主要是由反应温度、初始 $NaH_2PO_2$ 浓度和 $NaOH$ 浓度决定的。反应的最佳温度为 $81℃$，由反应速率常数可以计算出反应的活化能约为 $166\,kJ \cdot mol^{-1}$。增加 $NaH_2PO_2$ 浓度和 $NaOH$ 浓度均使反应加快，$Ni^{2+}$ 和 $NaH_2PO_2$ 配比为 $1：2$ 可以获得较快的反应速率和较高的产率。

（2）工艺研究表明，反应物浓度和后处理工艺对产物的粒径大小及粒度分布、产物形貌和成分有重要影响。增加 $NaOH$ 浓度可使反应生成的镍球粒径变小，同时粒度分布变得均匀，当 $Ni^{2+}$ 与 $NaOH$ 的摩尔比达到 $1：1.8$ 时，可制备出粒径为 $80\,nm$ 左右的纳米镍球。改变 $NaH_2PO_2$ 浓度对镍球的粒径和形貌影响不大，而 $NaH_2PO_2$ 浓度的升高，使镍球中的 P 含量有所上升。保持反应物配比不变，降低溶液浓度，镍球的粒径也越大，粒度分布也相对变宽。氨水溶液的 pH 值控制在 $9.25$ 左右能将镍球表面的絮状 $Ni(OH)_2$ 有效去除。经 $H_2$ 还原处理可将镍球内包覆的残余 $Ni(OH)_2$ 胶核还原，得到成分较为单一的空心镍球。

（3）对所得镍粉进行了场发射扫描电镜和透射电镜分析，证明微米镍球和纳米镍球均具有明显的空心结构。说明利用自催化还原法可制备出超细空心球形镍粉，通过控制工艺参数可得微米、亚微米和纳米级的空心镍球。通过对镍球形成过程的分析认为，胶核表面由于聚集了大量 $Ni^{2+}$ 使其成为催化活性中心，为最初的还原反应提供了动力学的条件,同时胶核也充当镍球形成的模板,金属镍在胶核表面被还原出来后,沉积在表面形成不致密的壳层结构,同时还原反应产生的 $H^+$ 进入到壳内与其中的 $Ni(OH)_2$ 胶核反应,使胶核溶解变小,甚至完全分解。同时新生成的镍在壳层上不断沉积,最终形成具有空心结构的镍球。并由此建立了自催化还原反应法制备空心镍球的模型。

(4) 以 $Ni(OH)_2$ 纳米线为模板,通过控制催化活性点的多少,利用自催化还原反应,制备出了纳米镍管和纳米镍穿孔球。纳米镍管壁厚约为 30 nm,内径约为 15 nm;纳米镍穿孔球直径约为 80 nm,穿孔孔径约为 12 nm。由自催化还原法制备机理可以推断,用其他金属氢氧化物或复合氢氧化物为模板,如 $Co(OH)_2$,$Fe(OH)_3$,$Pd(OH)_2$ 等,通过改变氢氧化物的形貌,如球形,线状,立方体等,可以设计制备出不同形态结构的金属或合金纳米空心结构。

(5) 利用自催化还原法制备 Ni-Co 复合空心粉和 $Ni-Fe_3O_4$ 复合空心粉。研究发现,随着制备溶液中 $Co^{2+}$ 浓度比例的增加,样品中的 Co 含量增加,P 含量减小,当样品中钴含量占大多数时,粉体形状变为圆锥型;NaOH 浓度的增加,会使反应时间缩短,使样品粒径减小。在制备 $Ni-Fe_3O_4$ 复合空心粉过程中,Ni 通过还原产生,而获得 $Fe_3O_4$ 却是在还原气氛下的可控的氧化反应。随着溶液中 $Fe^{2+}$ 离子浓度的增加,复合空心粉里的磁铁矿成分比例增多;溶液中 NaOH 浓度的增加,使粉体粒径减小。

(6) 通过化学镀方法在空心镍球表面镀覆了一层蜂窝状的金属钴层,该结构由平均孔径约为 26 nm 的介孔组成,使镍球的比表面积由未包覆前的 $0.0555\,\mathrm{m^2/g}$ 增加到 $4.9888\,\mathrm{m^2/g}$。通过研究化学镀钴表面改性工艺,发现随着还原剂浓度的增大,反应速率加快,并在镍球表面形成完整的蜂窝状钴镀层,增加溶液中 $Co^{2+}$ 离子浓度使反应所得钴层的孔隙变小。随着还原剂浓度的增加,P 含量增加;络合剂浓度的增加,镀层基本结构发现变化,由片状变为棒状,并变得紧密;在 pH 值范围控制在 9~10 时,镍粉表面 Co 沉积量最多;装载量的增加,使镀层变得稀疏;镍粉粒径的减小,增大催化活性,Co 沉积量增强。

(7) 对不同粒径空心镍球、复合空心球和改性镍球的磁性能进行分析表明,空心镍粉的磁性能(包括饱和磁化强度、矫顽力和剩余磁化强度)随着粒径的减小而减弱;当测试温度升高时,热运动增强,降低了磁性能;通过高温热处理,可以增大样品的结晶度,使磁性能增强。通过包覆 Co,可以明显增强镍空心粉的磁性能,且随 Co 沉积量的增加,磁性能增强,矫顽力由未包覆前的 164 Oe 增大到 795 Oe,同时比饱和磁化强度也由原来的 6.19 emu/g 增到 22.72 emu/g;随着钴层中 P 含量的增加,降低了镀层结晶度,降低了样品的矫顽力;不同的镀层结构会改变磁各向异性,从而影响了矫顽力的变化。在空心镍粉中掺入钴制备成复合空心粉,Co

含量的增加,明显增强了样品的磁性能;但粒径的减小,只会降低矫顽力和剩余磁化强度。当在镍粉中添加 $Fe_3O_4$ 时,粉体磁性能随 $Fe_3O_4$ 含量的增加而增强;粒径的减小同样使矫顽力降低。

(8) 对不同粒径镍球和改性镍球-PVB 混合体在 2~18GHz 频率内的复介电常数谱和复磁导率进行了分析。混合体的复介电谱和复磁导率出现了典型的共振峰,并且共振效应随镍球粒径的减小而有所降低。微米和亚微米级镍球混合体则前后出现了一大一小的两个共振峰,随着镍球粒径的减小,混合体发生共振的第一个频率随之向高频率方向移动。研究认为,产生第一个共振是由于镍球的结构和尺寸效应所引起的,而第二个共振则是由于镍球本征的磁性共振所引起。改性后的镍球在2~18GHz 频率范围内同样出现了两个共振峰,介电常数和磁导率值均有不同程度的增高,这与镍球钴改性后磁性能的提高有关。

(9) 研究了粒径为 $1.2\,\mu m$ 和 80 nm 的空心镍球-PVB 混合体在不同体积比下的介电常数和磁导率。当混合体中镍球的体积比降至 10% 时,镍球混合体的介电常数在 2~18GHz 内保持不变,而磁导率只出现一个较小的共振。利用体积比为 10% 混合体的电磁参数计算了微米镍球和纳米镍球的本征磁导率,微米镍球在2~18GHz 内具有较大的磁导率虚部,表明微米镍球具有更大的磁损耗角正切。微米和纳米镍球的本征磁导率均在 13GHz 左右出现了共振峰,与在镍球混合体介电谱中出现的第二个共振峰发生的频率基本一致,表明这一共振峰是由镍球在电磁场中的磁性共振所引起。通过计算改性镍球的本征磁导率可知,改性镍球的磁导率虚部明显要高于未改性镍球,在共振频率附近,改性镍球的虚部值达到了 2.0,说明通过钴改性后,镍球在微波频率范围内的磁性能有较大提高。

(10) 通过计算 4 种粒径镍球-PVB 混合体在不同厚度下的微波反射损耗 $R_L$ 可知,随着吸收层厚度的增加,镍球混合体的最小微波反射损耗 $R_{Lmin}$ 不断减小,出现最小反射损耗的频率也随之向低频移动。对镍球混合体进行了匹配厚度和匹配频率的分析,微米和亚微米级空心镍球混合体在 2~18 GHz 内出现两个匹配条件,在第一个匹配厚度下的匹配频率随镍球粒径的减小而向低频方向移动,纳米镍球混合体则只出现一个匹配厚度。研究认为,平均粒径为 $1.2\,\mu m$ 的空心镍球混合体具有较好的微波吸收值,同时还有较宽的吸收频带。当其涂层厚度为 1.4 mm,频率在 13.6 GHz 和厚度为 2.4 mm,频率 7.7 GHz 时,吸收值分别可达到 -33.6 dB 和 -34.4 dB。改性镍球混合体也出现了两个匹配条件,在吸收层厚度为 0.8~2.0 mm 其 $R_{Lmin}$ 保持在 -30 dB 左右,最小达到了 -40 dB,在 0.8~3.0 mm 的厚度范围内均表现出较高的频宽比,在 0.8 mm 时,频宽比超过了 40%。说明通过钴改性后的镍球具有更高的微波吸收值和更宽的吸收频段。

(11) Ni-Co 复合空心粉的复介电常数和磁导率随着 Co 含量的增加而增加,但当 Co 含量超过 Ni 含量时,电磁参数则会降低;随着粒径的减小,Ni-Co 复合空心粉的介电常数逐步增加,而磁导率则是降低。对于 Ni-Co 复合空心粉,镍钴比例为 6∶1 时在 5.3 GHz 的反射损耗为−45.3 dB,具有良好的微波吸收性能。Ni-Fe$_3$O$_4$ 复合空心粉的介电常数随着 Fe$_3$O$_4$ 含量的增加逐步降低,磁导率则是在高频逐渐增加;粒径的减小会使 Ni-Fe$_3$O$_4$ 复合空心粉介电常数变大,但对磁导率的影响因频率不同而不同,在低频时有增大的趋势,在高频则是降低。对于 Ni-Fe$_3$O$_4$ 复合空心粉,最小反射损耗(−42.2 dB)出现在 14.8 GHz,较薄(1.5 mm)的涂层获得了比较理想的微波吸收性能。

(12) 在 UV-Vis-NIR 范围内,空心镍粉的光吸收系数随着波长的增大而减小,当镍粉粒径变小时,光吸收能力增加;由于等离子共振,小粒径镍粉在 375 nm 处出现吸收峰。在红外光区,吸收峰主要是 O—H 和 P—O 键振动吸收引起。热处理后的镍粉晶粒尺寸增大,使得光吸收性能轻微减弱,同时使紫外区的共振峰的位置发生蓝移;由于热处理和 H$_2$ 的还原作用,镍粉中的残留的 H$_2$O 和 Ni(OH)$_2$ 减少,使得由 O—H 键导致的红外吸收峰普遍减弱。以镍粉为吸收剂、丙烯酸树脂为粘结剂、铝板为基板制备的涂层,在太阳光谱区具有优秀的吸收性能,总吸收率 α 最高可达到 0.98,但由于所用丙烯酸树脂的原因,涂层发射率很高,在 0.8 左右。随着厚度的增加,涂层吸收率先增后减,转变厚度位于 30～60 μm 之间,而发射率则是不断增大;当涂层中镍粉粒径变小时,涂层吸收率不断增大,但粒径的变化对发射率影响不大。

(13) 研究表明,通过改变模板的形貌,利用自催化还原反应,可以设计制备出不同形态结构的金属或合金纳米空心结构。以 Ni(OH)$_2$ 纳米线为模板,通过控制催化活性点,利用自催化还原反应,制备出了纳米镍管和纳米镍穿孔球。纳米镍管壁厚约为 30 nm,内径约为 15 nm,纳米镍穿孔球直径约为 80 nm,穿孔孔径约为 12 nm。

## 11.2　主要创新点

(1) 通过在 Ni(OH)$_2$ 胶核表面进行自催化还原反应成功地制备出了球形空心镍粉,控制工艺参数可得微米、亚微米和纳米级的空心镍球,根据反应速率方程研究了影响反应速率的工艺参数,并计算反应的活化能约为 166 kJ·mol$^{-1}$,并建立了自催化还原反应法制备空心镍球的模型,为制备具有空心结构的金属球提供了一条新的思路。在此基础上,利用自催化还原法制备了成分和粒径可调的 Ni-Co 复合空心粉和 Ni-Fe$_3$O$_4$ 复合空心粉。

(2) 以 Ni(OH)$_2$ 纳米线为模板,通过控制催化活性点的多少,利用自催化还原反应,成功制备了纳米镍管和纳米镍穿孔球,进一步拓展了自催化还原方法用于制备空心结构纳米材料的应用范围。

（3）通过化学镀方法在空心镍球表面镀覆了一层蜂窝状的金属钴层,该钴层结构不仅提高了空心镍球的比表面积,也增强了镍球的磁性能,使空心镍球在微波吸收领域有更好的应用价值。

（4）研究了镍球-PVB混合体的复介电常数和复磁导率,并计算了它们的本征磁导率,初步分析了复介电常数谱和复磁导率谱中产生共振的原因,对进一步研究共振频率与空心结构的关系有一定的理论指导意义。

（5）利用自催化还原反应制备纳米空心结构的基本特征在于:①作为反应模板的氢氧化物具有较为稳定的形态结构,并在特定条件下具有一定的催化能力,能激发还原剂的活性;②被还原的金属对还原剂有催化活性,能使还原反应持续不断地进行;③还原反应过程可控,最初生成的金属层为不致的结构,使内外物质能发生充分交换,以确保空心结构的形成。

## 11.3  展望

目前,具有特殊形态结构的新材料引起了研究者的广泛关注。特别是一些空心、管状、线形的微/纳米粒子在光电子转换、传感器、电磁器件、生物医药等领域表现出了独特的物理化学性能和极大的应用前景。研究表明:微纳材料的性能在很大程度上是由组成粒子的形态、结构、组分、尺寸等自身特征参数所决定的,通过设计合适的制备方法来实现对微/纳米粒子结构特征参数的控制,可以获得材料某种特定的性能。因此,对特殊形态结构微/纳米粒子制备方法的研究和设计是学术界广泛关注的前沿热点方向之一。目前有多个国内外研究团队开展了相关的工作,并提出了多种制备和控制方法。

本书针对特殊结构微/纳米粒子制备及形态结构控制这一科学问题,也进行了一些有益的探索,通过简单易行的方法成功地制备出了具有空心、管状和穿孔结构的金属镍微/纳米粒子。在此基础上,提出以能自行分解的胶核为模板,利用自催化还原反应,在保持模板结构完整的前提下,控制反应的发生,并在模板上沉积金属,制备以空心结构为代表的特殊形态结构金属微纳材料。并开展金属微/纳米粒子结构特征参数与物理化学性能关系的研究工作,并以此指导金属微/纳米粒子的结构设计,实现其结构的控制和性能的优化,为高性能微纳材料和器材的研究与开发提供必要的科学基础。在此基础上,进一步研究该制备方法和粒子形态结构控制机理,深化该领域的理论研究,拓展其潜在的应用都需要深入的研究和开发。